珠江河口咸潮模拟及预报

叶荣辉　何　用　余顺超　孔　俊　著

水利部珠江河口动力学及伴生过程调控重点实验室
河海大学

海洋出版社

2017 年·北京

内 容 提 要

近年来，珠江河口咸潮上溯持续时间增加且强度加剧，咸潮上溯已成为港澳及珠三角地区供水安全中亟待解决的突出问题。本书在分析珠江河口咸潮活动及咸潮影响因素的基础上，开展珠江河口咸潮解析模拟及预报、咸潮统计模拟及预报、咸潮数值模拟及预报研究，并分析了在复杂动力因素与河口演变下的珠江河口咸潮上溯动力机制。在此基础上，构建了珠江河口咸潮数值预报系统，初步探讨了基于抽压水系统的河口抑咸对策。

珠江河口咸潮模拟及预报工作的开展对于预防和抵御该地区的咸潮灾害，实现有限淡水资源的高效利用，保障珠江河口地区供水安全具有重要意义。

图书在版编目（CIP）数据

珠江河口咸潮模拟及预报/叶荣辉等著. —北京：海洋出版社，2017.12
ISBN 978-7-5027-9976-2

Ⅰ.①珠… Ⅱ.①叶… Ⅲ.①珠江-盐水入侵-河口治理 Ⅳ.①P641.4②TV882.4

中国版本图书馆 CIP 数据核字（2017）第 280687 号

责任编辑：阎 安
责任印制：赵麟苏

海洋出版社 出版发行

http://www.oceanpress.com.cn

北京市海淀区大慧寺路 8 号 邮编：100081
北京文昌阁彩色印刷有限公司印刷
2017 年 12 月第 1 版 2017 年 12 月北京第 1 次印刷
开本：787mm×1092mm 1/16 印张：14
字数：292 千字 定价：68.00 元
发行部：010-62132549 邮购部：010-68038093
总编室：010-62114335 编辑室：010-62100038
海洋版图书印、装错误可随时退换

前　言

　　珠江河口濒临南海，当地供水的80%~90%依赖于流域上游的入境淡水，枯季受咸潮影响，淡水资源短缺。近年来，在流域来沙量减少及人类活动加剧的双重影响下，珠江河口河床普遍大幅下切，河槽容积与水深普遍增大，导致咸潮上溯持续时间增加且强度加剧，河口地区城市（特别是澳门、珠海和中山等城市）1 500多万人口供水安全受到严重威胁。随着河口地区经济社会的高速发展，社会对水的需求与水资源保障之间的矛盾日渐突出，咸潮上溯已构成了港澳及珠三角地区供水安全中亟待解决的突出问题。从2005年1月开始至今，珠江防汛抗旱总指挥部和珠江水利委员会连续多次实施珠江压咸补淡应急调水和珠江枯水期水量调度，成功保障了澳门、珠海等珠江三角洲地区的供水安全。然而，受珠江河口地区需水增加、当地供水系统管网取供水能力限制、河口演变加剧等不利因素的影响，珠江河口咸潮情势发生了较大变化，枯水期珠江河口地区供水安全形势依然严峻。珠江河口咸潮模拟及预报工作的开展对于预防和抵御该地区的咸潮灾害，进一步提升枯水期珠江水量调度技术水平，实现有限淡水资源的高效利用，保障珠江河口地区供水安全具有重要意义。

　　本书共分为10章，第1章为绪论，主要介绍研究意义、珠江河口咸潮概况、河口咸潮主要影响因素及国内外研究进展；第2章为河口咸潮解析模拟及预报，主要推求了河口表层咸潮解析预报方程；第3章为河口咸潮统计模拟及预报，对珠江河口取水口盐度过程及取水概率进行统计预报；第4章为河口咸潮上溯数值模型的构建与验证；第5章至第7章主要分析磨刀门河口咸潮上溯规律、盐淡水混合及层化机制、复杂动力因素对咸潮上溯的影响机制；第8章研究了珠江河口整体演变对磨刀门河口咸潮上溯的影响机制；第9章构建了珠江河口咸潮数值预报系统；第10章提出了基于抽压水系统的河口抑咸思路，并采用数学模型分析了抑咸效果。

　　本书第1章由何用、叶荣辉、余顺超编写；第2章由叶荣辉编写；第3章由叶荣辉、孔俊编写；第4章由叶荣辉编写；第5至第7章由孔俊、叶荣辉编写；第8章由叶荣辉、何用编写；第9章由叶荣辉、余顺超编写；第10章由孔俊、叶荣辉编写。全书由珠江水利科学研究院叶荣辉构思、提出编写大纲并统稿。河海大学的李凌教授、南京师范大学的宋志尧教授在作者的研究过程中给予了重要的指导和帮助。特别感谢参与研究工作的杨芳、张文明、邹华志、卢陈、高时友、杨留柱、王世俊、彭石、王其松、陈奕芬、汪玉平、唐朝伟、吕紫君、王青、潘明婕等。在本书的编写过程中，得到了珠江水利科学研究院李亮新、谢宇峰、黄胜伟、亢庆、陈文龙、徐峰俊、陈荣力、吴小明、苏波、何贞俊等院所领导的关心与支持，在此谨致谢意。

本书研究工作及出版得到了水利部珠江河口动力学及伴生过程调控重点实验室、珠江水利科学研究院、水利部公益性行业科研专项经费项目（201501010）、江苏省海岸海洋资源开发与环境安全重点实验室科技创新能力提升工程（2015B25614）、国家自然科学基金面上项目（51779280）和中央高校科研业务费（2015B15614）的资助。

珠江河口咸潮受复杂动力因素及人类活动影响，上溯过程极其复杂，对其进行精准预报具有一定的难度。本书内容涵盖理论推导、统计分析、数值模拟、系统开发及抑咸对策等，涉及面较广，限于作者水平，书中难免有不足之处，敬希读者批评指正。

作者

2017 年 10 月

目　次

第 1 章 绪 论

1.1 研究意义

珠江三角洲经济圈为我国三大经济圈之一，区域内有广州、深圳、佛山、东莞、中山、江门、珠海等七市和香港、澳门两个特别行政区，城市密集，经济发达。上述七市2010 年地区生产总值达 37 387.76 亿元，占全国的 11.4 %，若将香港、澳门地区生产总值计算在内，其经济实力居我国长江三角洲、珠江三角洲及环渤海湾三大经济圈之首。到2020 年，珠江三角洲地区（不含港澳地区）将率先基本实现现代化，地区人均生产值达到 135 000 元，按现有总人口推算，地区总产值将达到 140 809 亿元。由此可见，珠江三角洲地区在我国经济社会发展中具有不可替代的带动作用和举足轻重的战略地位。此外，珠江三角洲地区毗邻香港、澳门特别行政区，不但有着重要的经济地位，而且其政治地位也极为敏感。

珠江流域水资源时空分布不均，并且随着社会经济的发展，珠江河口地区的水体污染问题也日益严峻，水资源已成为制约该地区社会经济发展的瓶颈。据估算，该地区工农业生产和生活用水量将进一步增加，到 2020 年，珠江三角洲的总用水量将会达到 590×10^8 m³，到 2030 年将会达到 960×10^8 m³，珠江河口地区饮水安全问题将更加突出。枯水期咸潮上溯更加加剧了水资源短缺的局面，凸现了珠江三角洲的饮水安全问题。尤其是，近来年咸潮活动越来越频繁，影响范围愈来愈大，且持续时间愈来愈长，咸潮上溯已构成了港澳及珠三角地区饮水安全中亟待解决的突出问题。2004 年秋末，珠江三角洲地区咸潮上溯直接威胁珠海、澳门、中山、广州、东莞等城市饮水供应安全，受灾人口达到 1 500 多万。2005 年至 2006 年枯水期，咸潮上溯更为严重，澳门、珠海取水口观测到水体含氯度达 7 500 mg/L，超过生活饮用水水质标准 29 倍。2006 年至 2017 年枯水期，咸潮继续多次肆虐，2009 年咸潮较往年提早将近 2 个月，咸界上移约 10 km；2011 年 12 月，澳门、珠海的主力供水泵站平岗泵站连续 22 天含氯度 24 小时超标。珠江防汛抗旱总指挥部和珠江水利委员会连续多次实施珠江压咸补淡应急调水和珠江枯水期水量调度，成功保障了澳门、珠海等珠江三角洲地区的供水安全。

2008 年 3 月，水利部、国家发展改革委员会对《保障澳门、珠海供水安全专项规划报告》作出了批复。2011 年 6 月，国家防汛抗旱总指挥部对《珠江枯水期水量调度预案》

作出了批复。随着工程体系和制度体系的不断完善，珠江河口地区的供水安全已得到保障。然而近年来，受珠江河口地区需水增加、当地供水系统管网取供水能力限制、河口演变加剧等不利因素影响，珠江河口咸潮情势发生了较大变化，枯水期珠江河口地区供水安全形势依然严峻。珠江河口咸潮模拟及预报工作的开展对于预防和抵御该地区的咸潮灾害，进一步提升枯水期珠江水量调度技术水平，实现有限淡水资源的高效利用，保障珠江河口地区供水安全具有重要意义。

1.2 珠江河口及咸潮概况

1.2.1 河道概况

珠江是我国七大江河之一，其干、支水系分布于滇、黔、桂、粤、湘、赣等 6 省（自治区）和越南东北部，流域总面积 453 690 km²。珠江河口是世界上水系结构、动力特性、人类活动最复杂的河口之一，它具有"三江汇流、网河密布、八口入海、整体互动"的特点（见图 1.1）。珠江流域的西江、北江和东江汇入珠江三角洲后，在思贤窖以下形成西北江三角洲，在石龙以下形成东江三角洲。

珠江三角洲是复合三角洲，由西江、北江思贤滘以下，东江石龙以下河网水系和入注三角洲诸河组成，集水面积 26 820 km²，其中河网区面积 9 750 km²。入注三角洲的中小河流主要有潭江、流溪河、增江、沙河、高明河、深圳河等。

三角洲河网区内河道纵横交错，其中西江、北江水道互相贯通，形成西北江三角洲，集雨面积 8 370 km²，占三角洲河网区面积的 85.8%，主要水道近百条，总长约 1 600 km，河网密度为 0.81 km/km²，思贤滘及东海与西海水道的分汊点是西北江三角洲河网区重要的分流分沙节点，其水沙分配变化将对河网区水文情势产生重大的影响；东江三角洲隔狮子洋与西北江三角洲相望，基本上自成一体，集雨面积 1 380 km²，仅占三角洲河网区面积的 14.2%，主要水道 5 条，总长约 138 km，河网密度为 0.88 km/km²。

西江的主流从思贤滘西滘口起，向南偏东流至新会县天河，长 57.5 km，称西江干流水道；天河至新会县百顷头，长 27.5 km，称西海水道；从百顷头至珠海市洪湾企人石流入南海，长 54 km，称磨刀门水道。主流在甘竹滩附近向北分汊经甘竹溪与顺德水道贯通；在天河附近向东南分出东海水道，东海水道在海尾附近又分出容桂水道和小榄水道，分别流向洪奇门和横门出海；主流西海水道在太平墟附近分出古镇水道，至古镇附近又流回西海水道；在北街附近向西南分出江门水道流向银洲湖；在百顷头分出石板沙水道，该水道又分出荷麻溪、劳劳溪与虎跳门水道、鸡啼门水道连通；至竹洲头又分出螺洲溪流向坭湾门水道，并经鸡啼门水道出海。

北江主流自思贤滘北滘口至南海紫洞，河长 25 km，称北江干流水道；紫洞至顺德

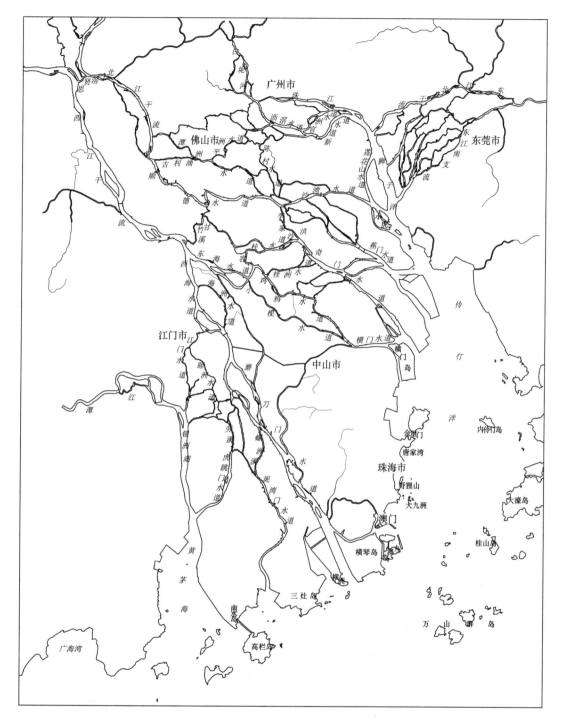

图 1.1　珠江河口地图

张松上河，长 48 km，称顺德水道；从张松上河至番禺小虎山淹尾，长 32 km，称沙湾水道，然后入狮子洋经虎门出海。北江主流分汊很多：在三水市西南分出西南涌与芦苞涌汇合后，再与流溪河汇合，流入广州水道，至白鹅潭又分为南北两支，北支为前航道，南支为后航道，后航道与佛山水道、陈村水道等互相贯通，前后航道在剑草围附近汇合后向东注入狮子洋；在南海紫洞向东分出潭洲水道，该水道又于南海沙口分出佛山水道，在顺德登洲分出平洲水道，并在顺德沙亭又汇入顺德水道；顺德水道在顺德勒流分出顺德支流水道，与甘竹溪连通，在容奇与容桂水道相汇，然后入洪奇门出海；在顺德水道下段分出李家沙水道和沙湾水道，李家沙水道在顺德板沙尾与容桂水道汇合后进入洪奇门出海；沙湾水道在番禺磨碟头分出榄核涌、西樵分出西樵水道、基石分出骝岗水道，均汇入蕉门水道。

东江流至石龙以下分为两支，主流东江北干经石龙北向西流至新家埔纳增江，至白鹤洲转向西南，最后在增城番禺东联围流入狮子洋，全长42 km；另一支为东江南支流，从石龙以南向西南流经石碣、东莞，在大王洲接东莞水道，最后在东莞洲仔围流入狮子洋。东江北干流在东莞乌草墩分出潢涌，在东莞斗朗又分出倒运海水道，在东莞湛沙围分出麻涌河；倒运海水道在大王洲横向分出中堂水道，此水道在芦村汇潢涌，在四围汇东江南支流；中堂水道又分出纵向的大汾北水道和洪屋涡水道，这些纵向水道均流入狮子洋经虎门出海。

西江、北江、东江水沙流入三角洲后经八大口门出海，珠江河口八大口门按地理分布情况分为东、西两部分，东四口门为虎门、蕉门、洪奇门和横门，其水沙注入伶仃洋河口湾；西四口门为磨刀门、鸡啼门、虎跳门和崖门，其中磨刀门直接注入南海，鸡啼门注入三灶岛与高栏岛之间的水域，虎跳门和崖门注入黄茅海河口湾。八大口门动力特性不尽相同，泄洪纳潮情况不一，磨刀门、横门、洪奇门、蕉门、鸡啼门、虎跳门为河"U"型河口，以河流作用为主，其中磨刀门泄洪量居八大口门之首；位于东、西两侧的虎门和崖门属于潮"U"型河口，以潮汐作用为主，其中虎门的潮汐吞吐量排在八大口门首位。

1.2.2 咸潮活动概况

河口是河流与海洋的交汇地带，外海高盐水团随涨潮流进入河口，与上游下泄淡水径流混合，导致河道水体变咸，即形成咸潮（又称咸潮上溯、盐水入侵）。珠江河口地区河道纵横交错，水网交织，受潮流和径流影响，河口区咸潮运动复杂。珠江河口盐度变化过程具有明显的日、半月、季节周期性。由于珠江河口显著的日潮不等现象等因素影响，一日内两次高潮所对应的两次最大含盐度及两次低潮所对应的两次最小含盐度各不相同。含盐度的半月变化主要与潮流半月周期有关，一般朔望大潮含氯度较大，上下弦含氯度较小。季节变化取决于雨汛的迟早、上游来水量的大小和台风等因素。汛期4—9月雨量多，上游来量大，咸界被压下移，珠江河口大部分地区咸潮消失。

珠江三角洲的咸潮一般出现在10月至翌年4月。一般年份，南海大陆架高盐水团侵至伶仃洋内伶仃岛附近，盐度0.5（相当于含氯度为250 mg/L）的咸潮线在虎门东江北干流出口、磨刀门水道灯笼山、横门水道小隐涌口；大旱年份，盐度 0.5 的咸潮线可达广州水道西航道、东江北干流的新塘、东江南支流的东莞、沙湾水道的三善滘、鸡鸦水道及小榄水道中上部、西江干流的西海水道、潭江石咀等地。

中华人民共和国成立以来，珠江三角洲地区发生较严重咸潮的年份是 1955 年、1960 年、1963 年、1970 年、1977 年、1993 年、1999 年、2004 年、2005 年、2006 年、2007 年、2009 年、2010 年、2011 年。如 1960 年、1963 年的咸灾给三角洲的农作物生长带来巨大损失，番禺受咸面积达 24 万亩（1 亩 ≈ 666.7 m^2），新会受灾面积达 15 万亩。1999 年春，虎门水道咸界上移至白云区的老鸦岗，农作物受灾严重，咸潮上溯使得部分水厂的取水口被迫上移，如广州市的石溪、白鹤洞、西洲 3 座水厂曾被迫间歇性停产，西洲水厂的取水口因此也上移至浏渥洲。2004 年春，广州番禺区沙湾水厂取水点咸潮强度及持续时间更是远远超过历年同期水平，横沥水道以南则全受咸潮影响，在东江北干流，咸潮前锋（含氯度为 250 mg/L）已靠近新建的浏渥洲取水口。2004 年 10 月 28 日，浏渥洲含氯度已达 330 mg/L。2011 年 12 月，份磨刀门水道平岗泵站连续 22 天含氯度 24 小时超标。从 2000 年至今的情况来看，咸潮影响越来越大，影响时段越来越长，其中磨刀门水道咸潮上溯强度最为严重，对澳门、珠海、中山等珠江河口城市供水已构成了严重威胁。

1.2.3 咸潮对珠江河口供水的影响[1]

进入 21 世纪后，珠江河口地区经济社会快速发展，城市人口规模扩大，用水量不断增加，河道污染，水资源供需矛盾十分突出。咸潮影响区涉及广州市中心城区和番禺区、珠海、中山、东莞、江门等市（区）以及澳门特别行政区。在珠江河口咸潮影响区及潜在影响区，有十几家主力水厂，如广州的新塘水厂、南洲水厂、西洲水厂、石溪水厂、白鹤洞水厂、西村水厂、石门水厂、江村水厂、番禺沙湾水厂、番禺第二水厂，中山市的大丰水厂、全禄水厂，江门自来水公司、新会自来水公司，珠海自来水公司，澳门自来水公司等，合计每天取水规模达 849.5×10^4 m^3。各水厂位置见图 1.2，取水规模见表 1.1。

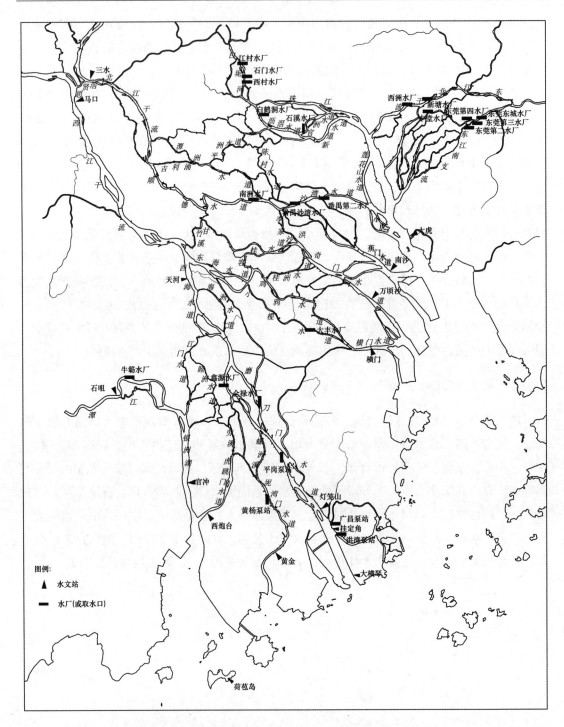

图1.2 珠江河口咸潮影响区主要水厂分布

表 1.1 珠江河口咸潮影响或潜在影响区主要水厂供水情况

影响水厂（取水口）	所在城市	所在河道	取水量（×10⁴ m³/d）
洪湾泵站	珠海	磨刀门水道	19
广昌泵站	珠海	磨刀门水道	30
平岗泵站	珠海	磨刀门水道	10
黄杨泵站	珠海	鸡啼门水厂	10
全禄水厂	中山	磨刀门水道	40
大丰水厂	中山	小榄水道	20
番禺第二水厂	广州	沙湾水道	20
番禺沙湾水厂	广州	沙湾水道	36
石溪水厂	广州	后航道	25
白鹤洞水厂	广州	后航道	6
西村水厂	广州	西航道	96
石门水厂	广州	西航道	76
江村水厂	广州	流溪河	40
南洲水厂	广州	顺德水道	100
西洲水厂	广州	东江北干流	40
新塘水厂	广州	东江北干流	60
中堂水厂	东莞	中堂水道	6
东莞第二水厂	东莞	东江南支流	18
东莞第三水厂	东莞	东江南支流	110
东莞第四水厂	东莞	东江南支流	40
东莞东城水厂	东莞	东江南支流	30
牛箍水厂	江门	潭江	7.5
鑫源水厂	江门	磨刀门水道	10
合 计			849.5

以 2004 年冬至 2005 年春发生的咸潮为例，咸潮影响范围上溯至磨刀门水道的全禄水厂、小榄水道的大丰水厂、沙湾水道的沙湾水厂、后航道的白鹤洞水厂、西航道的西村水厂，影响城镇供水，500 多万人用水受到影响。据实地调查，在强咸潮活动期，中山市

东、西两大主力水厂相互交织同时受到侵袭，水中氯化物含量达到 350 mg/L，不得不采取低压供水措施，部分地区供水中断近 18 h，同时将供水含氯度标准提高到 400 mg/L。因咸潮少供水 $20×10^4$ m^3（与同期未发生咸潮月份比较）。珠海与澳门则长期受咸潮影响的困扰，特别是担负珠海、澳门主要供水任务的挂定角引水闸、洪湾泵站、广昌泵站等取水工程，受咸潮影响，不能取水的天数在 170 天左右。2004 年 2 月，珠海市主要泵站之一的广昌泵站泵机曾连续 29 天都无法开动，珠海市和澳门多数地区只能低压供水，且供水含氯度标准提高到 400 mg/L，澳门个别时期甚至提高到 800 mg/L；而三灶、横琴地区的供水水源主要靠平岗泵站、洪湾泵站及部分小型水库，供水自成体系，但自身调剂能力不足，因此，横琴岛及三灶地区 40 多天无水供应。广州石溪水厂停产 225 h，影响水量 $237×10^4$ m^3，番禺沙湾水厂取水点咸潮强度及持续时间更是远超历年同期水平；在东江北干流，2004 年咸潮前锋（250 mg/L）已靠近新建的浏渥洲取水口。针对罕见的咸潮影响，各地纷纷采取降低供水水质标准、低压供水等措施，致使部分地区出现间歇性断水、水质偏咸等现象。

1.3 珠江河口咸潮影响因素分析

河口咸潮上溯是一个极其复杂的过程，受径流、潮汐、风等多种动力因素的耦合作用，同时与河口地形密切相关。本节在分析珠江河口径流、潮汐、风、河口演变基本特征的基础上，探讨各因素对河口咸潮上溯的影响。

1.3.1 径流

1.3.1.1 径流特征

珠江流域地处热带、亚热带气候区，径流量相对丰富，根据《珠江流域水资源规划》1956—2000 年资料统计，珠江流域多年平均径流量为 $3\,380×10^8$ m^3，其中西江 $2\,301×10^8$ m^3，北江 $510×10^8$ m^3，东江 $274×10^8$ m^3，珠江三角洲 $295×10^8$ m^3，分别占珠江流域径流总量的 68.1%、15.1%、8.1%、8.7%。

径流年内分配不均，西江、北江、东江控制站马口、三水、博罗站汛期（4—9 月）径流量分别占年总量的 76.9%、84.8%、71.7%，枯水期（10—12 月至翌年 1—3 月）分别占年总量的 23.1%、15.2%、28.3%。据 1956—2006 年实测径流资料系列统计，年均径流量马口水文站为 $2\,291×10^8$ m^3，三水水文站为 $472×10^8$ m^3，与 1956—2000 年实测径流系列年均径流量相比，马口水文站减小 1.3%，三水水文站增加 4.7%。

珠江三角洲河道纵横交错，水沙互相灌注，与 20 世纪 80 年代以前相比，近年来各口门的径流量分配比发生了较大的变化。根据近 20 年资料计算分析，八大口门多年平均径流分配比为：虎门 24.5%、蕉门 16.8%、洪奇门 7.2%、横门 12.5%、磨刀门 26.6%、鸡啼门 4.0%、虎跳门 3.9%、崖门 4.5%。

1.3.1.2　径流对咸潮的影响

受气候变化影响，珠江流域径流年际变化较大，最大年径流量与最小年径流量之比为 2.6~9.8 倍，其中北江变化比较大，西江变化较小。据统计分析，流域丰、枯水年组交替出现的周期约为 11 年。通常，丰水年，珠江入海径流大，河口咸潮上溯强度小，历时短；枯水年，珠江入海径流小，咸潮上溯强度大，历时长；平水年在两者之间；特枯年，珠江入海径流接近或达到历年最小值，咸潮上溯影响很大。图 1.3 给出了平水年与大旱年珠江河口盐度在 2 和 0.5 的咸界。平水年，珠江河口盐度为 2 的咸界在虎门大虎、蕉门南沙、洪奇门万顷沙西、横门横门东、磨刀门芒洲西、鸡啼门乾务、虎跳门西炮台上、崖门官冲下；盐度为 0.5 的咸界在东莞吴屋洲、广州新塘东洲、黄埔鱼珠、番禺雁洲、灵山、横沥、中山东河口水闸下、灯笼山、珠海白蕉、江门新会官冲。大旱年，珠江河口盐度为 2 的咸界在东莞厚街、广州南岗、番禺化龙、中山浪网、十三顷、江门新会双水；0.5 的咸界在东莞万江、广州新塘沙角、老鸦岗、佛山平洲、伦教、容奇、中山南头、小榄、古镇、江门新会水口。从图 1.3 中可以看到，磨刀门水域盐度等值线为外凸型，很明显受到上游径流量的影响；伶仃洋海区由于上游来水量不大，潮势较强，加上底坡平缓，咸潮自伶仃洋长驱直入，盐度等值线为内凹型，黄茅海区的情况与伶仃洋相似。

珠江流域地处季风气候区，降水大多集中在夏季，冬季仅有少量雨雪，由于降水年内分配不均，导致径流量在一年内有明显的洪枯季变化，汛期（4—9 月）径流量约占全年的 78%；10 月至次年 3 月为枯季，径流量约占全年的 22%。受径流季节变化影响，珠江河口盐度具有明显的洪季、枯季变化特征。图 1.4 为 2014 年磨刀门水道平岗泵站月均盐度变化图，从图 1.4 中可以看出，月均盐度大值集中出现在每年的 1—3 月和 10—12 月，洪季咸潮上溯强度小，水体盐度低甚至基本不含盐；枯季咸潮上溯强度大，水体盐度高。图 1.5 给出了珠江河口不同来流量条件下盐度为 0.5 的咸界，当思贤滘流量为 1 000 m^3/s 时，西北江三角洲盐度为 0.5 的咸界上溯至佛山、顺德、江门附近，广州、中山、珠海基本全面位于盐度为 0.5 的咸界内，三角洲各取水口将受到全面影响，磨刀门咸潮上溯距离（按盐度为 0.5 的咸界计）约为 78 km；当流量为 2 500 m^3/s 时，咸潮基本不影响广州市石门、沙湾、南洲，佛山市桂州、容奇、容里水厂，中山市全禄、大丰水厂以及江门市牛筋、鑫源水厂，磨刀门咸潮上溯距离约为 48 km；当流量达到 5 500 m^3/s 时，咸界基本退至各取水口以下，磨刀门咸潮上溯距离约为 13 km。

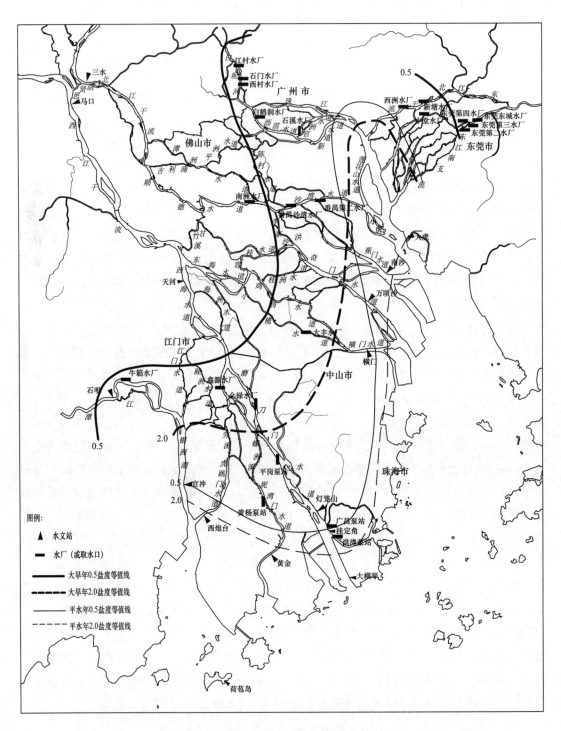

图 1.3 平水年及大旱年珠江河口咸界

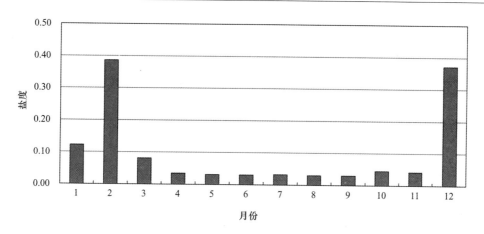

图 1.4　磨刀门水道平岗泵站月均盐度变化图

1.3.2　潮汐

1.3.2.1　潮汐特征

珠江河口的潮汐为不正规半日混合潮型,一天中有两涨两落,半个月中有大潮汛和小潮汛,历时各 3 天。在一年中,夏潮大于冬潮,最高、最低潮位分别出现在春分和秋分前后,且潮差最大,夏至、冬至潮差最小。因受汛期洪水和风暴潮的影响,最高潮位一般出现在 6—9 月,最低潮位一般出现在 12 月至次年 2 月。

珠江八大口门平均潮差在 0.85 ~ 1.62 m 之间,属于弱潮河口,其中以虎门的潮差最大,黄埔最大涨潮差达到 3.38 m。磨刀门、横门、洪奇门、蕉门等径流较强的河道型河口,潮差自口门向上游呈递减趋势,而伶仃洋、黄茅海河口湾,自湾口至湾顶潮差沿程增加,赤湾多年平均涨潮差为 1.38 m,到黄埔达到 1.62 m。

根据近 20 年资料计算分析,八大口门多年平均山潮比为:虎门 0.38、蕉门 1.79、洪奇门 2.51、横门 3.68、磨刀门 6.22、鸡啼门 1.72、虎跳门 3.43、崖门 0.24。

口门外的赤湾、三灶、荷苞岛站涨、落潮历时几乎相等,潮水过程呈对称型。口门以内,无论洪季还是枯季,落潮历时均大于涨潮历时,越往上游此现象越明显。枯季涨潮历时较洪季长,而落潮历时则相反。

1.3.2.2　潮汐对咸潮的影响

一般而言,珠江河口盐度峰、谷值要滞后高、低潮位 1 ~ 2 h。图 1.6 为珠江河口站点实测潮位与盐度过程对比图,从中可以看出,潮周期内盐峰一般发生在高高潮位之后,盐谷一般发生在低低潮位之后。

珠江河口咸潮上溯过程除具有明显的日周期变化规律外,还具有明显的半月周期变化

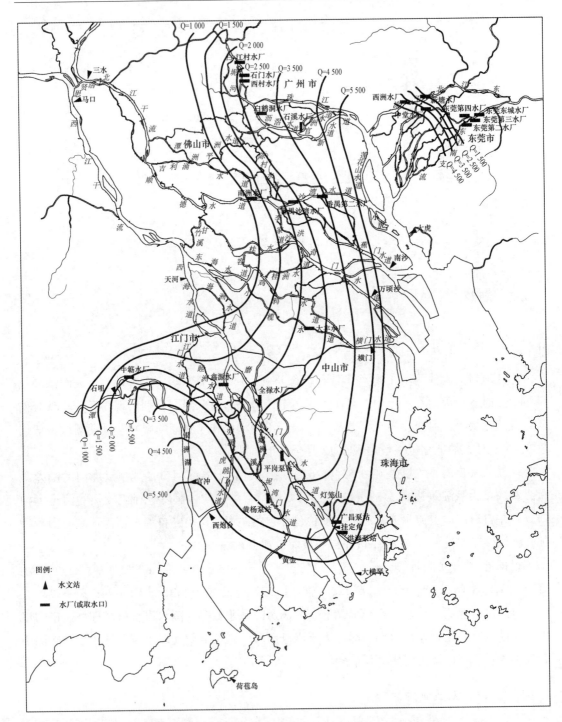

图 1.5　不同径流条件下珠江河口盐度为 0.5 的咸界（图中流量单位：m³/s）

规律，其中磨刀门水道的咸潮上溯半月变化过程具有典型代表性。图 1.7 为磨刀门水道盐度与潮位变化对比图，从中可见，小潮期磨刀门水道盐度分层特征明显，底部盐水聚集；

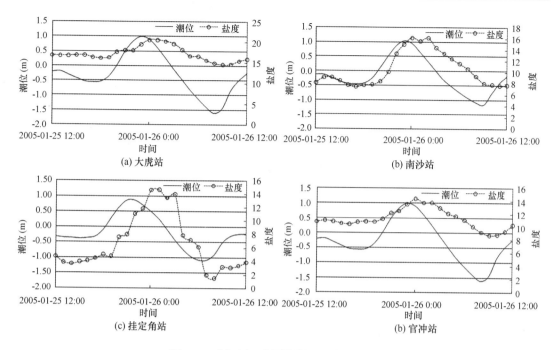

图 1.6 珠江河口实测潮位及盐度变化过程

中潮期掺混逐步加强，盐度持续上升；大潮期盐度大起大落。盐度从小潮期间开始迅速增加，磨刀门水道下游盐度变化与潮汐变化规律较为一致，大潮期间盐度峰值最大，上游盐度一般经过 2~3 d 在小潮向大潮过渡的中潮期达到峰值，而后开始下降，在大潮向小潮过渡的中潮期或下一个小潮期盐度降至最低，盐度上升速率一般大于下降速率。相应的，磨刀门水道的咸潮上溯距离在小潮后的中潮期最远，咸界上移的时间较短，上涨速率快，而咸界下移历时长且速率缓慢（图 1.8）。

1.3.3 风

1.3.3.1 风的基本特征

根据澳门九澳气象站 1952—2005 年的风速观测资料，平均风速最大的月份为 7 月，达到 9.7 m/s；最小的月份为 4 月，为 4.1 m/s。最大风速出现较多的月份为 6—10 月，各月最大风速均超过 8.5 m/s，这与台风活动频率有关；其余月份最大风速均小于 8.0 m/s。11 月至次年 2 月，澳门九澳气象站主要以北风为主，3—5 月，8—10 月主要以 ESE 向风为主，6 月及 7 月主要以 SW 向为主。

按季节统计，澳门九澳气象站春季强风向为 S 向，最大风速为 9.7 m/s，次强风向为 N 向，最大风速为 9.5 m/s，夏季强风向为 ENE，最大风速为 28.6 m/s，次强风向为 21.8 m/s，秋季强风向为 N 向，最大风速为 12.7 m/s，次强风向为 NNE 向，最大风速为

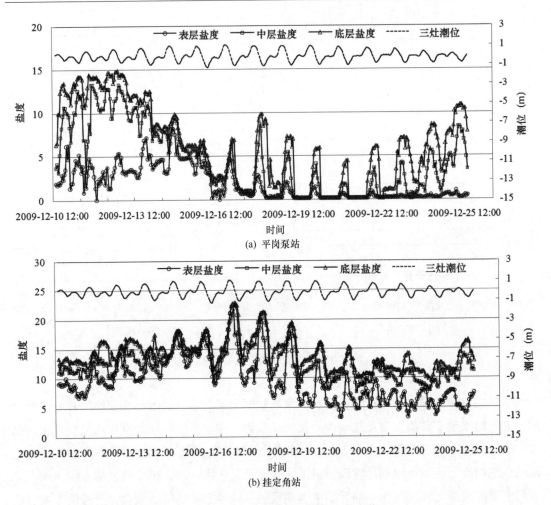

(a) 平岗泵站

(b) 挂定角站

图 1.7　磨刀门水道盐度与潮位半月变化

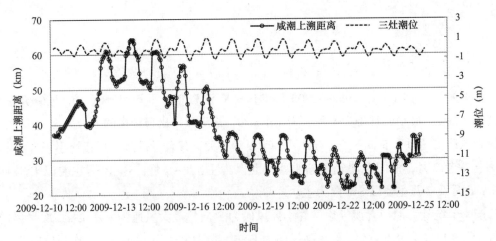

图 1.8　磨刀门水道盐度为 0.5 的咸界半月变化

11.5 m/s，冬季强风向为 N 向，最大风速为 11.0 m/s，次强风向为 NNE 向，最大风速为 9.7 m/s。

按年度统计，澳门九澳气象站常风向为 ESE 向，出现频率为 19.99%，次常风向为 N 向，频率为 14.86%；强风向为 ENE 向，最大风速为 11.83 m/s；次强风向为 N 向和 NNE 向，最大风速分别为 11.3 m/s 和 10.2 m/s。

1.3.3.2　风对咸潮的影响[2]

从上文的分析可知，径流对珠江河口咸潮有较大影响。1999 年枯水期强风发生期间，珠江河口上游流量较为稳定，马口加三水流量介于 1 323~2 202 m³/s 之间，因此采用该时期澳门气象站风速、珠江河口日均盐度实测资料，分析风对河口水体盐度的影响。

图 1.9 为 1999 年枯水期澳门气象站风速与平岗泵站、挂定角站日均盐度变化对比情况，表 1.2 列出了 1999 年枯水期历次较强风力与相应站点盐度变化情况。从中可以看出，河口发生 4 级以上强风时，河口不同水域含盐度将会出现不同程度的上升，盐度升高现象滞后于强风出现时间。若强风遭遇盐度半月周期的盐峰发生时间，将使盐度值显著上升，如 1999 年枯水期第 1 场、第 7 场与第 13 场强风，导致平岗泵站、挂定角盐度显著升高。若强风发生在周期性盐峰出现时间之外，则将出现周期性盐峰之外的盐度高值，类似产生高频振荡，如对挂定角而言，除了上述三场较强风力（第 1 场、第 7 场与第 13 场）外，其他场次的较强风力均使水体日均盐度显著升高，产生盐峰。

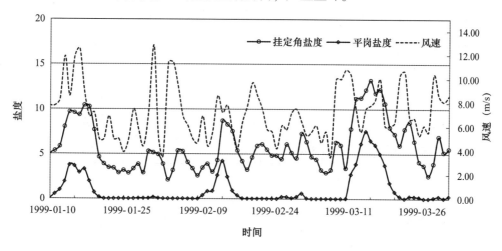

图 1.9　1999 年枯水期，澳门风速与挂定角日均盐度变化

从风向来看，图表中显示枯水期强偏北风（NNW 向、N 向、NNE 向）、偏东风（ESE、E）以及 SE 向均引起河口水体盐度产生不同程度的升高，N 向风（第 1 场、第 2 场、第 13 场与第 15 场）及 E 向风（第 7 场、第 10 场与第 16 场）升盐效应表现似更为显

著。就风力影响的范围而言，越靠近口门强风的升盐效应越明显。分析发现，时段内 16 场强风基本导致靠近口门的挂定角站盐度不同程度的升高，但对上游平岗泵站而言，产生升盐效应的只有 9 场风。

表 1.2　1999 年枯水期风速、盐度及流量统计

风场次编号	发生时间	主风向	最大风速（m/s）	风级	挂定角日均盐度	平岗泵站日均盐度	马口加三水日均流量（m³/s）	备注
1	1999 年 1 月 13 日	N	11.9	6 级	9.67	2.83	1 704	周期性盐峰
2	1999 年 1 月 16 日	N	12.2	6 级	10.42	2.49	1 640	
3	1999 年 1 月 21 日	N	6.9	4 级	3.43	0.01	1 620	
4	1999 年 1 月 26 日	ESE	6.1	4 级	3.86	0.02	1 890	
5	1999 年 2 月 4 日	NNE	9.4	5 级	5.36	0.01	2 163	
6	1999 年 2 月 9 日	ESE	6.9	4 级	3.88	0.63	1 879	
7	1999 年 2 月 12 日	E	7.5	4 级	8.68	3.16	1 830	周期性盐峰
8	1999 年 2 月 19 日	N	9.4	5 级	5.89	0.01	1 862	
9	1999 年 2 月 25 日	ESE	6.1	4 级	6.08	0.17	1 909	
10	1999 年 2 月 28 日	E	7.2	4 级	7.27	0.46	1 323	
1i	1999 年 3 月 9 日	ESE	9.4	5 级	5.96	0.01	1 955	
12	1999 年 3 月 12 日	NNW	10.3	5 级	11.18	2.92	1 761	
13	1999 年 3 月 15 日	N	7.8	4 级	13.21	5.65	2 013	周期性盐峰
14	1999 年 3 月 17 日	ESE	8.3	5 级	12.18	4.88	1 827	
15	1999 年 3 月 23 日	N	10.6	5 级	8.49	0.20	2 139	
16	1999 年 3 月 29 日	E	8.6	5 级	6.90	0.19	2 202	

1.3.4　河口演变

1.3.4.1　河口演变特征

基于收集的 1999 年左右（实际为 1999—2000 年）及 2014 年左右（实际为 2010—2014 年）两套实测地形资料分析珠江河口网河区主干河道河床演变特征及口门区滩槽演变特征。珠江河口近期（1999—2014 年）河床演变速率分布如图 1.10 所示。

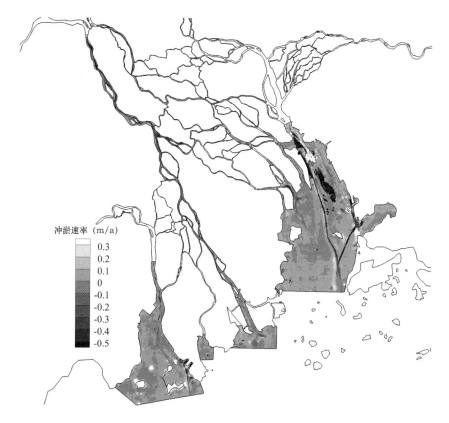

图 1.10　珠江河口近期河床演变速率

正值为淤积，负值为冲刷。

（1）珠江河口网河区河床演变分析。

自 1999 年以来，西江河道地形下切幅度明显大于北江河道，网河区中上部河道下切幅度大于河道下游下切幅度。从表 1.3 中可以看出，西江所有河道呈现显著下切，其中西江干流水道平均水深增幅最大，增加 3.19 m；西海水道平均水深增加 2.50 m；磨刀门水道平均水深增加 1.53 m。对于北江主干河道，地形变化幅度从上游往下游递减，平均水深增加最大的河道为北江干流水道，平均水深增加 1.78 m；位于北江主干中段的顺德水道平均水深增加 1.04 m；北江主干下游沙湾水道地形变化幅度较小，平均水深增加 0.11 m。所有分析河道中，西伶通道的东海水道平均水深增幅最大，水深增加 4.17 m；容桂水道的平均水深增加 1.06 m；而洪奇沥水道上段以及横沥水道地形变化幅度不及西伶通道其他河道显著，平均水深变化在 0.15 m 以内。

表 1.3 珠江河口网河区地形演变统计

河道名称		水深 (m)		
		1999 年	2014 年	变化
西江	西江干流水道	7.09	10.28	3.19
	西海水道	4.60	7.10	2.50
	磨刀门水道	5.60	7.13	1.53
北江	北江干流水道	4.65	6.43	1.78
	顺德水道	6.09	7.13	1.04
	沙湾水道	4.92	5.03	0.11
西伶通道	东海水道	7.30	11.39	4.17
	容桂水道	5.58	6.64	1.06
	洪奇沥水道上段	7.90	7.82	-0.08
	横沥水道	6.33	6.18	-0.15

注：水深基面采用 1985 国家高程基准。

（2）珠江河口口门区滩槽演变分析。

基于 1999 年与 2014 年的珠江河口地区遥感影像数据进行岸线矢量化提取，分析珠江河口近期岸线边界的变化。珠江河口口门区各区域围垦面积如表 1.4 所示，1999—2014 年间共计围垦约 132.41 km²。伶仃洋共计围填水域约 65.04 km²，占珠江河口总围垦面积的 49%。伶仃洋西侧共计围填水域约 38.45 km²，围填区域主要集中在龙穴岛、横门出口；伶仃洋东岸浅滩也进行了沿线围垦和深圳宝安港建设，1999—2014 年间，东侧围填水域 26.59 km²。磨刀门水域（含澳门附近水域）1999 年以后围垦面积为 14.16 km²，围垦区域主要集中在白龙河西片、交杯沙岛及澳门机场附近水域。鸡啼门 1999 年以后在南水岛东侧、北侧、大木乃南及连岛大堤北部进行了围垦，围垦面积约 23.26 km²。1999—2014 年间，黄茅海共计围填水域约 29.95 km²，占珠江河口总围垦面积的 22.6%，围填区域主要集中在黄茅海西侧沿线及高栏港区。

表 1.4 珠江河口围垦面积统计 （单位：km²）

统计分区	伶仃洋	磨刀门	鸡啼门	黄茅海	总面积
围垦面积	65.04	14.16	23.26	29.95	132.41

伶仃洋"三滩两槽"结构基本保持不变，深槽稳定。1999—2011 年东滩前期保持冲

淤相对平衡状态，滩面面积逐渐减少，平均淤积速率约为 0.1 m/a。受航道升级等的影响，西槽在 1999—2011 年年均加深速率在 0.3 m/a 以上，但在西槽两侧出现明显淤积。1999—2011 年东槽局部因挖砂工程出现明显下切，下切深度为 4.51~7.50 m；东槽中上段除挖深区外均处于淤积状态，淤积速率平均约为 0.15 m/a；东槽下段（大铲岛——蛇口附近）槽道下切，下切速率在 0.3 m/a 以上。2000—2011 年间，磨刀门河口拦门沙东汊、西汊延伸拓宽，中心拦门沙内外坡冲刷、南北径缩短，受人工挖沙的影响，中心拦门沙滩顶位置河床异常下切，平均下切幅度大于 6 m。2000—2012 年间，鸡啼门滩槽演变呈现滩淤槽冲的特点，鸡啼门出口深槽冲刷强度和范围较大，深槽两侧浅滩淤积范围呈现微淤状态，深槽平均冲刷速率在 0.1 m/a 以上。黄茅海水域在 2000—2012 年间，崖门深槽向南发展，保持在稳定状态。受珠海港进港航道航道开挖影响，东槽 5 m 以深槽道与崖门 5 m 以深槽道上下贯通，深槽向纵深发展；拦门沙浅滩出现局部冲刷，部分区域冲刷速率在 0.05 m/a 以上；东滩受人类围垦工程影响，原黄茅海东部浅滩现已基本成为围垦区域；西滩整体滩面以微冲为主，冲刷速率在 0.025 m/a 左右。

1.3.4.2 河口演变对咸潮的影响

珠江河口网河区河床下切、口门与口外浅海区深槽加深，加上拦门沙的开挖，使得珠江河口及网河区的纳潮容积加大，潮汐通道更为畅通。表 1.5 为 20 世纪 50 年代、20 世纪 80 年代与 2005 年条件下西江、北江与东江潮流界、潮区界位置，从中可以看出，随着珠江河口网河区的河床下切及口门区的滩槽演变，潮区界与潮流界向上游迁移。

表 1.5 珠江潮流界、潮区界

时间	潮流界			潮区界		
	西江	北江	东江	西江	北江	东江
20 世纪 50 年代	高要	三水—马房	东莞—石龙	德庆	黄圹—三水	观音阁—园洲
20 世纪 80 年代	三榕峡	马房	石马河口	德庆	芦苞	铁岗
2005 年	悦城	芦苞	广合	封开	大塘—石角	谭公庙

随着潮汐动力的增强，外海高盐水团易于进入珠江河口网河区，咸潮易于顺下切河道向上游推进，加大了咸潮上溯强度。根据东江三角洲 1999 年、2005 年咸潮统计结果，近年来网河区各级上游来水流量下的咸界均明显上移：当博罗水文站下泄流量为 150 m³/s 时，东江北干流、东江南支流盐度为 0.25 的咸界分别上移 6.1 km、7.7 km；当博罗水文站下泄流量为 250 m³/s 时，东江北干流、东江南支流盐度为 0.25 的咸界分别上移 3.5 km、3.1 km。1999 年博罗水文站下泄流量为 150 m³/s 时的 0.25 咸界与 2005 年博罗水文站下泄流量为 250 m³/s 时盐度为 0.25 的咸界基本一致。

西江、北江三角洲的咸潮活动以磨刀门水道最为强烈，1998—1999年、2003—2004年、2004—2005年、2005—2006年、2009—2010年、2011—2012年枯季均发生了较严重的咸潮灾害，且随着河床下切幅度的加大，咸潮上溯强度持续增强。从咸界位置看，1998—2012年枯水期磨刀门咸界总体呈上移的趋势。1998—1999年度枯水期磨刀门咸潮上溯至中山全禄水厂（距口门52 km），2004—2005年度越过中山全禄水厂，2005—2006年、2009—2010年度均越过中山稔益水厂（距口门61 km），2011—2012年度枯水期最大咸界已达古镇水厂（距口门71 km）。表1.6列出了1998—2012年度枯水期珠江河口上游平均流量（高要与石角流量之和）与平岗泵站总超标历时，从中可以看出，磨刀门水道咸情总体呈增加趋势。1998—1999年度枯水期超标历时669 h，2005—2006年度枯水期达到1 582 h，2011—2012年度枯水期进一步增加到1 863 h。2011—2012年度上游枯季平均流量为3 318 m³/s，与1999—2000年度枯水期流量（3 475 m³/s）较为接近，但总超标历时却为1999—2000年度的4.7倍，这表明同等流量条件下，磨刀门水道咸潮上溯强度明显增加。进一步通过对比河口1999年与2011年河道地形发现，该水道河床出现了明显下切，平均下切深度超过1.5 m，且深槽明显加深，咸潮上溯通道断面面积加大，同时磨刀门河口拦门沙受人工开挖影响严重，这说明河口演变对咸潮上溯过程产生了显著的影响。

表1.6　1998—2012年度枯水期平均流量及平岗泵站超标历时

年度	1998—1999	1999—2000	2000—2001	2001—2002	2002—2003	2003—2004	2004—2005
流量（m³/s）	2 069	3 475	3 829	3 571	5 154	2 306	2 476
超标历时（h）	669	397	220	140	0	771	702
年度	2005—2006	2006—2007	2007—2008	2008—2009	2009—2010	2010—2011	2011—2012
流量（m³/s）	2 596	3 094	2 865	5 404	2 384	3 613	3 318
超标历时（h）	1 582	670	1 233	204	1 573	746	1 863

1.4　珠江水量调度概况

2003年以来，珠江流域极端天气事件频繁发生，枯季降水量多次出现历史极值，河道径流严重不足，月平均流量创新低，加之河口地区用水量增加、工程建设影响和河道变化等因素影响，致使咸潮影响范围大、时间长，严重威胁珠江三角洲人民群众饮水安全。珠江防汛抗旱总指挥部和珠江水利委员会从2005年至2017年，成功组织实施了2次应急调水、1次骨干水库调度和10次枯季水量调度。从2005年至今，水量调度经历了从无到有，从被动应急到主动调控再到探索综合长效机制的不断完善的过程，有效保障了澳门、珠海等地供水安全，逐步实现了供水、发电、航运和生产建设的多方共赢。

1.4.1 枯水期水量调度概况

2005 年与 2006 年的压咸补淡应急调度是为保障春节期间供水安全而实施的被动应急集中补水调度。当时不但来水偏枯，而且上下游工程设施不足，上游龙滩、百色、光照、长洲和下游平岗扩建工程、竹洲头泵站等水利工程均未建成或未开工建设。应急调水补水水库不得不选择在距珠江口 1 300 多 km、流程历时达 10 d 的西江上游天生桥一级水电站，调水里程长，且水库蓄水量有限，机组过流能力小，水调电调矛盾突出，中下游无控区间大（无控区间面积约占西江流域面积的 65%），在全国也没有如此长距离、大规模、跨部门的调水行动；下游珠澳供水系统引淡蓄淡只能通过广昌泵站、洪湾泵站抽取外江淡水，通过联石湾等水闸群实现坦洲联围蓄淡。同时，珠江三角洲咸潮机理复杂，除受径流因素影响外，更受潮汐变化规律复杂、潮汐动力强弱、网河区内分流比变化、河道下垫面、风向、风力等多种因素的影响，压咸流量和压咸时机难以确定。两次压咸补淡应急调水实践，逐步摸清了咸潮活动规律与上游径流的响应关系和区间预报调度技术，合理确定了压咸时机。

2006 年编制了《保障澳门、珠海供水安全专项规划报告》，成立珠江防汛抗旱总指挥部，珠江压咸补淡开始转变调度思路，变应急为主动，早谋划，早部署，探索开展整个枯季的水量统一调度，统筹兼顾 2006—2008 年龙滩、光照、长洲等水电站施工和下闸蓄水过程，实现了水调、工程建设、电调、航运、生态等多方共赢的目标，为之后几年的水量调度创造了良好的条件，积累了丰富的调度实践经验。2006—2007 年，枯水期调度与前两次应急调度不同的是由被动应急到主动调控。珠江防汛抗旱总指挥部、珠江水利委员会从主动研究问题、提出调度方案，直至调度组织实施的过程，标志着珠江流域水资源管理从被动应对向主动参与、积极引导转变。实施中，既保证了珠江三角洲的用水安全，又兼顾了各方面的利益，同时有效控制突发事件，使损失降到最低。此次压咸补淡是实施珠江水资源统一配置、水量统一调度的一次有益且成功的尝试。2007—2008 年枯水期，珠江防汛抗旱总指挥部、珠江水利委员会在总结前几次调度的基础上，确立了从分析预测、方案编制到调度实施的总体工作思路，完善了"月计划、旬调度、周调整、日跟踪"的调度方式，以"前蓄后补"为水量分配原则，运用"避涨压落""动态控制"等水量调度技术，又一次达到了水调、电调、航运以及改善生态的多赢局面。

上述 4 次压咸补淡实践证明，只有建立保障供水安全的长效机制，积极推进流域水资源的统一管理，增加水资源调配等综合功能，才能真正保证澳门同胞和珠江三角洲广大居民供水安全。此时，上游龙滩、百色、长洲等水库（水电站）陆续建成，下游根据国务院批复的《保障澳门、珠海供水安全专项规划》中的珠海市平岗泵站扩建工程也已完工，应对咸潮能力有所提高。但由于流域来水时空分布极不均匀、水资源调蓄能力有限，如果不实施枯季水量统一调度，澳门、珠海等三角洲地区供水安全将无法保障。

2011 年 6 月，国家防汛抗旱总指挥部批复了《珠江枯水期水量调度预案》。按照专项规划要求，水利部珠江水利委员会积极促进大藤峡水利枢纽和珠海当地供水系统建设。目前，珠澳供水系统中的竹银水库、竹洲头泵站已建成并投入使用，大藤峡水利枢纽工程正在建设，保障澳门、珠海供水安全工作得到了稳步推进。为确保供水安全，2008—2017 年，在国家防汛抗旱总指挥部、水利部的指导下，珠江防汛抗旱总指挥部、水利部珠江水利委员会又连续实施了 9 次枯季水量调度，进一步完善了水量配置的方法和手段，汛末从加强风险管理入手，除有效拦蓄汛末洪水外，调度前期，根据水情、咸情预报，当无控区间来水较大、下游咸潮较弱时，对上游水库实施"前蓄"，增加骨干水库有效蓄水量；调度后期，根据水情、咸情预报采取"总量控制"或"精细调度"措施，保障澳门等地供水安全。通过这 9 次的枯季水量调度，切实推进和加强了流域水量统一配置和统一管理，水量调度技术更精准，实现了供水、电调、航运多方共赢的局面，圆满完成了任务。

1.4.2 今后工作方向

近几年珠江枯水期水量调度，有效保障澳门、珠海等珠江三角洲地区的供水安全，社会反响强烈，也积累了不少成功的经验，但枯水期水量调度面临的一些难点问题依然存在，每次实施枯水期水量调度都是对珠江防汛抗旱总指挥部一次新的考验，这些问题突出表现在[1]：水资源配置工程体系不完备，调水里程多，调度对象多，技术难度大；调度涉及的部门多，缺乏配套的法规或制度，协调难度大。

咸潮预报技术是珠江压咸补淡调度的关键技术之一，经过多年的探索和实践，目前水利部珠江水利委员会在咸潮预报技术方面已达到较高水平，但咸潮预报影响因素众多、动力机制复杂，需在总结以往珠江河口咸潮预报成功经验的基础上，进一步加强研究、分析，提高河口咸潮模拟及预报精度，为进一步提高枯水期珠江水量调度技术水平服务。

1.5 河口咸潮模拟及预报研究进展

河口咸潮模拟方法有解析模拟、统计模拟、数值模拟及物理模型试验，其中解析模拟及统计模拟是目前咸潮业务预报中较为常用的方法，数值模拟由于其可重复性及经济性，在咸潮规律及动力机制研究中被广泛采用，而物理模型试验受相似比尺、场地、经费等诸多限制，应用受到制约。

1.5.1 河口咸潮解析模拟及预报研究进展

对于咸潮上溯解析解的研究，国内外众多学者从影响咸潮上溯强度的主要动力因素径流、潮流动力出发，研究了径潮动力对咸潮上溯强度的影响。河口咸潮解析解可分为两大类：稳态解及非稳态解。稳态解主要针对河口动力（如径流、潮流等）发生变化的时间尺度大于河口系统响应时间，河口处于稳定或准稳定状态情形，忽略盐度随时间的变化。稳态解由于求解过程简单，理论成果相对丰富[3-9]，其中 Savenije[5-9] 解析模型得到了广泛应用。Nguyen 等[10]将其应用至湄公河三角洲分汊河口，成功模拟了该区域的盐度分布。Zhang 等[11]针对河口地区地形复杂，水深、宽度、断面面积等地形因子不能被描述成一个统一的函数形式的问题，采用将河口分段的方法，对各段分别采用不同的函数刻画河口地形，成功模拟了长江河口涨憩时刻、落憩时刻、潮周期平均下的纵向盐度分布。Nguyen等[12]考虑地形因子受潮位变化的影响，分别对涨憩时刻、落憩时刻盐度分布采用 Savenije解析模型，对红河河口的咸潮上溯现象进行了模拟。Song 等[13]通过预先设定盐度随时间变化的函数形式，推导了等宽、等深河口垂向平均盐度最简单的非稳态解析解。

与河口纵向盐度解析相对应，对于咸潮上溯距离的研究多为垂向平均下研究成果。早期对于咸潮上溯距离的研究主要用于人工开挖航道的设计工作中，因此研究多集中在棱柱体型水道河口[9]。Van der Burgh[14] 使用真实河口有限的实测数据，建立了潮周期平均下的棱柱体型河口咸潮上溯距离与弗劳德数之间的关系式。Rigter[15]基于大量实验数据及实测数据，采用量纲分析法推求了棱柱体型河口（水深、宽度、断面面积沿程不变）落憩时刻咸潮上溯距离与密度弗劳德数之间的关系式。Fischer[16]针对 Rigter[15]的结果进行了讨论，并采用相同的数据，重新推导了落憩时刻咸潮上溯距离公式。Prandle[17]分别推导了潮周期平均下高度分层型及部分混合型河口咸潮上溯距离公式。Van Os 和 Abraham[18]推导了与 Rigter[15]类似的落憩时刻咸潮上溯长度公式。然而自然形成的河口不可能为棱柱体型，若将其直接应用到自然河口，精度将非常低[9]。Savenije[7,8,19]考虑河口断面面积呈指数变化，推导了涨憩时刻咸潮上溯距离公式，该公式能较好的反映地形的影响，并且能包含重量环流、径向环流、侧向环流等主要混合过程的影响[9]。Prandle[20]假定河口水深、宽度呈幂函数变化，推导了潮周期平均下的咸潮上溯距离公式。Kuijper 和 Rijn[21]对前人研究成果进行了改进，分别推导了棱柱体型水道及收敛河口（河口断面面积呈指数变化）的最大咸潮上溯距离公式，改进后的公式仅需率定扩散系数一个参数。

国内对于咸潮上溯解析预报研究主要是基于国外研究成果展开，陈水森等[22]基于Prandle[4]的研究成果，推导了潮周期平均下的咸潮上溯距离公式，并应用于珠江磨刀门河口。诸裕良等[23]基于 Savenije[5]研究成果，通过实测数据反演扩散系数，推导了适合珠江河口的涨憩时刻的咸潮上溯距离预测公式。李光辉等[24]在 Savenije 模式基础上，建立钱塘江河口咸潮上溯理论预测模型，对河口沿程盐度分布进行预测。Cai 等[25]针对 Savenije 解析模型中上游流量较难确定的问题，提出了基于水位的流量预测方法，构建了长江河口咸潮上溯预测模型。

1.5.2　河口咸潮统计模拟及预报研究进展

咸潮统计模型基于大量历史数据，通过统计分析，建立咸潮上溯强度（如最大盐度、平均盐度、盐度超标时间等）与主要影响因子（如径流、潮汐、地形等）之间的相关关系式，用该关系式进行模拟或预报。

Rajkumar 等[26]以及 Huang 和 Foo[27]分别采用 BP 神经网络对美国旧金山三角洲湾、佛罗里达的阿巴拉契科拉河的盐度进行了预测。Bowden 等[28]结合 PMI 优化输入算法和 BP 神经网络两种方法对盐度过程进行了预报。Qiu 和 Wan[29]利用长时间序列实测资料，构建了河口盐度过程与上游径流、外海潮汐、降雨等因素间的统计预报模型。国内对于河口咸潮统计预报的研究主要集中在长江河口、钱塘江河口及珠江河口。对于长江河口，茅志昌等[30]运用多元逐步回归及相合非参数回归方法，建立了黄浦江口的咸潮上溯预报公式。陈树中等[31]建立了长江河口盐度与流量的分段线性模型。Wu 等[32]采用统计回归分析的方法，构建了长江北支盐水倒灌指标与径流、潮差的关系式。沈焕庭等[33]采用分段线性模型和交叉谱方法统计分析了长江河口盐度和流量的关系。陈立等[34]考虑短时间尺度潮差变化和长时间尺度径流量变化对盐水入侵的不同影响，建立陈行水库日平均盐度与3.5 d前青龙港潮差和前 12~15 d 大通径流量平均值统计模型。孙昭华等[35]以长江口南支上段为研究对象，采用实测资料和理论分析相结合的方法，建立了指数函数形式的盐度估算模型，仅需上游流量和农历日期即可预估固定位置的日均氯度过程。对于钱塘江河口，李若华等[36]建立了取水口盐度超标时间与径流、潮差的定量响应关系式。徐丹等[37]采用改进的 BP 神经网络方法进行了对模拟。杨兴果[38]采用极大重叠离散小波变换和动态递归神经网络相结合的方法，对钱塘江河口观测点盐度过程进行了预测。

对于珠江河口，刘德地和陈晓宏[39]采用偏最小二乘回归与支持向量机相耦合的方法，建立了取水口盐度超标时间与上游径流、下游站点盐度值间的相关关系。王彪[40]基于实测资料建立了取水口盐度与径流、潮差之间的统计回归预测模型。路剑飞和陈子燊[41]考虑盐度自身变化，将预报站点上游水位、流量及自身历史盐度数据作为输入，引入滞后因子和微分进化搜索的径向基神经网络 DE-RBF 方法，对预报站点盐度过程进行了预报。水利部珠江水利委员会[42]结合多年珠江压咸补淡调度实际工作，通过考虑前期咸潮上溯强度的影响，提出并发展了一系列咸潮上溯预报模型，包括潮周期线性回归修正模式、潮周期多元回归修正模式、逐日多元回归修正模式等，这些模型的核心思想是采用参数回归分析的方法，建立预报站点潮周期盐度平均超标时间与对应时段上游平均流量数据、前期咸潮上溯强度之间的经验关系，并不断滚动修正模型参数进行预报。这些模型为珠江压咸补淡调度工作提供了较好的决策支持，有效地保障了澳门及珠江三角洲地区的供水安全。

1.5.3 河口咸潮数值模拟及预报研究进展

采用数值模拟方法来研究咸潮上溯问题是目前广泛采用的方式，早期由于受计算机条件的限制，多采用一维模型或二维模型。朱留正[43]、黄昌筑[44]、易家豪[45]等利用一维模型对河口盐度纵向分布和入侵范围等进行了模拟分析。韩曾萃等[46]构建了钱塘江河口一维咸潮上溯数值预报模型，从保证下游城市供水安全的角度，对上游水库的调度时间及流量进行了模拟及预报。韩乃斌[47]、肖成猷等[48]、罗小峰和陈志昌[49]建立了平面二维的盐度模型；王义刚[50]建立了沿水宽平均的垂面二维盐度数学模型。

事实上，河口咸潮上溯是一个三维非恒定的过程，完备的三维非恒定方程可以对咸潮上溯的各种动力学因素进行模拟，理论上，可以更准确地对咸潮上溯进行模拟分析。匡翠萍[51]建立了长江河口咸潮上溯三维数学模型，该模型采用非均匀网格，水平方向的空间导数采用显式中心差分，垂直方向的空间导数采用隐式中心差分模型的主要特点是：模型稳定性尚好，模拟精度较高。包芸和任杰[52]应用二阶精度的差分格式，对珠江河口高度分层的垂向盐度分布进行了较为准确的模拟。杨莉玲和徐峰俊[53]综合考虑径流、潮流及波浪共同影响下的盐度输移，较好地模拟了伶仃洋水域的三维咸潮上溯过程。

国内外众多学者基于经典的河口海岸三维数值模式（如 z 坐标下的 ELCIRC、SUNTANS、CH3D 等模式，σ 坐标下的 ECOM、FVCOM、ROMS、EFDC 等模式）开展了咸潮上溯的三维数值模拟分析[54-62]。朱建荣（2003）[60]采用三维 ECOM 模式对长江口盐度进行了模拟研究。龚政[63]基于 POM 模型（Princeton Ocean Model）推导出适合长江口的 σ 坐标下的三维非线性斜压水流盐度数学模型，并提出在不需要深入了解流场和盐度场垂向结构的情况下，可以采用平面二维模型；对于需要研究其流场、盐度场垂向结构，且咸潮上溯强烈的水文情况，推荐采用三维斜压数学模型；当盐度变化时间尺度较长时，可以采用斜压诊断模式，否则建议采用斜压预报模式。马刚峰等[64]对 ECOM 模式物质输运方程中水平扩散项的计算方法进行改进，较好地模拟了长江口垂向表、底层盐度的差异。Gong 等[65]采用 ELCIRC 与 EFDC 模式两重嵌套的方式对磨刀门水道咸潮上溯过程进行了模拟，分析了枯季咸潮对径流、潮汐动力的响应。王彪[40]、邹华志等[66]、陈文龙等[67]采用 FV-COM 模式分别构建了磨刀门水道三维咸潮上溯数值模型，并对其动力机制进行了分析。

1.5.4 河口咸潮物理模型试验研究进展

国外从 20 世纪 40 年代开始，开展了为数不多的咸潮物理模型试验，如路易斯安南州的卡鲁卡丘湾（Calcasieu Bay）模型，旧金山海湾（San Francisco Bay）模型、特拉华河口（Delaware River Estuary）模型、切萨皮克湾（Chesapeake Bay）模型等。后来的模型试验则集中于更经济且针对性强的概化水槽物理模型试验[3]。

国内对于河口咸潮物理模型的研究则更少，20 世纪 90 年代初，卢详兴[68]开展了钱塘江河口咸潮上溯物理模型试验研究。近年来，珠江水利科学研究院提出了一套咸潮物理模型试验方法[69-70]，研制了盐潮风浪流同步测控系统，开展了径流、潮汐、海平面上升等对磨刀门水道咸潮上溯的影响研究，深化了磨刀门咸潮上溯规律性的认识。然而咸潮物理模型相似理论仍不完善，且在咸水处理工艺、咸水混合、咸界控制等技术的处理上也存在一定困难。在实际应用中，咸潮物理模型试验还受场地、经费等诸多限制，应用十分有限。

1.5.5　目前研究中存在的问题

从以往研究来看，还存在以下不足。

（1）目前关于河口咸潮解析研究成果大多为垂向平均下的研究成果，实际河口盐度垂向分布存在差异，底部通常为高盐水，表层为低盐水。河口地区取水口通常布置在水体的近表层，以获取淡水资源，此时表层盐度及咸潮上溯距离的获得就至关重要，而传统解析解无法准确对取水口咸情进行模拟预测。

（2）传统的河口咸潮统计预报模型从纯数据相关性出发，采用简单的线性回归或多元回归模式对咸潮上溯过程进行预测，对特定批次的数据，这样的处理往往能获得较高拟合精度，但由于忽略咸潮上溯物理机制，容易曲解其间的本质联系。实际河口咸潮上溯过程复杂，咸潮与其影响因素之间为复杂的非线性关系，为实现参数的最佳拟合，传统的统计预报模式通常需要不断变换率定参数，这使其预报精度及推广应用受到一定限制。

（3）珠江河口地区水系众多、河网密布，水下地形复杂、滩槽相间。特别是磨刀门河口，受径流、潮汐、风、河口演变等因素影响，河口咸潮上溯过程复杂，在珠江河口八口口门中具有典型代表性。受数学模型计算范围、数值算法、地形资料等的限制，目前较少见系统研究复杂动力因素、河口演变等对珠江河口咸潮上溯的影响机制。同时，咸潮数值预报受模型计算精度、模型前后处理效率等的影响，咸潮数值预报实用性有待提高。

1.6　主要内容

本书在分析珠江河口咸情活动及咸潮影响因素的基础上，改进传统的咸潮解析模拟方法，构建反映地形变化、径流及潮流动力的河口表层咸潮上溯解析解。从咸潮上溯物理机制出发，构建河口咸潮上溯统计预报模型，对珠江河口重要取水口盐度过程及取水概率进行预报。基于高精度数值模式，构建珠江河口及河网整体二维盐度数学模型及局部三维咸潮上溯数学模型，对复杂动力因素、河口演变下的咸潮上溯动力机制进行模拟分析。在此基础上，构建了珠江河口咸潮数值预报系统，初步探讨了基于抽压水系统的河口抑咸对策。

珠江河口磨刀门水道是澳门、珠海、中山等城市的重要水源地，近年来该水道咸潮上溯强度持续增强，且该水道咸潮上溯规律在珠江河口各河道中具有典型代表性，本书中的解析模拟、统计模拟、数值模拟及预报分析实例均以磨刀门水道为示范，书中的咸潮模拟及预报方法在其他河口地区亦具有参考意义。主要研究内容如下。

（1）第2章中，从垂向二维盐度控制方程出发，推求反映地形变化、径流及潮流动力的河口表层咸潮上溯解析解，基于咸潮原型观测资料，应用所推求的解析解对模型进行率定和验证。推求适用于磨刀门河口的扩散系数经验方程，结合该方程对河口咸潮上溯进行预测。

（2）第 3 章从咸潮上溯的动力机制出发，考虑河口前期盐度场对后期咸潮上溯过程的影响，推求了反映前期盐度记忆效应的、具有明确物理意义的咸潮上溯统计预报模型，利用近年来珠江河口典型取水断面长时间序列的盐度过程、取水概率资料对模型进行了率定及后报验证。

（3）第 4 章至第 8 章，构建了珠江河口整体二维及磨刀门水道局部三维咸潮上溯数值模型，采用实测原型观测资料对所构建的咸潮上溯数学模型进行了全面验证。基于所构建的咸潮上溯数学模型，对复杂动力因素、河口演变下的磨刀门水道咸潮上溯动力机制进行模拟分析。

（5）第 9 章采用组件技术、ComGIS 技术，对咸潮上溯计算、演示、分析等组件进行了集成，建立了基于三层 C/S 架构模式的珠江河口全二维咸潮数值预报系统。

（6）第 10 章提出了基于抽压水系统的河口抑咸思路，通过在河口可回收浮体上安装抽压水系统，在本地抽取河道表层淡水，将其压入底层盐水楔中，加强底层盐淡水的混合，降低底层盐水浓度，从而达到减轻咸潮上溯强度的目的。

第 2 章　河口咸潮解析模拟及预报

传统的河口咸潮上溯解析解可对垂向平均下的咸潮上溯过程进行较为准确的模拟。但由于推导从一维盐度对流扩散方程出发，假定了河口混合类型为完全混合型，即盐度垂向分布并无明显差异，理论上传统解析解无法对缓混合型河口的表层盐度进行准确模拟。河口地区取水口通常布置在水体的近表层（如珠江磨刀门水道取水口设置在水体近表层），此时表层盐度及咸潮上溯距离的获得就至关重要。本章从垂向二维守恒型盐度控制方程出发，推导反映地形变化、径流及潮流动力的河口表层盐度分布及咸潮上溯距离解析解，对模型进行率定，并推求了适用于磨刀门河口的扩散系数经验方程，采用实测数据进行了预报验证。

2.1　垂向平均咸潮上溯解析模拟

2.1.1　垂向平均咸潮上溯解析解形式

Savenije 等[6,8-9]从一维盐度对流扩散方程出发推求垂向平均下的咸潮解析解，一维咸潮上溯控制方程形式如下。

$$\frac{\partial S_p}{\partial t} + \frac{\partial u S_p}{\partial x} = \frac{\partial}{\partial x}\left(D_p \frac{\partial S_p}{\partial x}\right) \tag{2.1}$$

式中，S_p 为垂向平均盐度；x 为纵向坐标（向上游为正，零点位置设在口门处）；u 为 x 方向上的垂向平均流速，D_p 为垂向平均盐度扩散系数。

Savenije 等[6,8-9]垂向平均下的河口盐度分布解析解的一般形式如下。

$$\begin{cases} \dfrac{S_p - S_f}{S_{p0} - S_f} = \left[1 - \dfrac{K}{\alpha_{p0}}(e^{\frac{x}{l_{a1}}} - 1)\right]\dfrac{1}{K} & (0 < x \leqslant x_1) \\[4mm] \dfrac{S_p - S_f}{S_{p1} - S_f} = \left[1 - \dfrac{K}{\alpha_{p1}}(e^{\frac{x-x_1}{l_{a2}}} - 1)\right]\dfrac{1}{K} & (x > x_1) \end{cases} \tag{2.2a}$$

其中

$$\begin{cases} \alpha_{p0} = -\dfrac{A_0 D_{p0}}{l_{a1} Q_f} & (0 < x \leqslant x_1) \\[4mm] \alpha_{p1} = -\dfrac{A_1 D_{p1}}{l_{a2} Q_f} & (x > x_1) \end{cases} \tag{2.2b}$$

式中，下标 0 和 1 分别代表河口口门处以及地形概化分段点的特征；S_{p0} 和 S_{p1} 分别代表河口口门位置及地形分段点的盐度；S_f 是河道上游淡水盐度；K 为垂向平均下的 Van der Burgh 系数；D_{p0} 和 D_{p1} 分别代表河口口门以及地形分段点的垂向平均扩散系数；A 为断面面积；l_{a1}、l_{a2} 分别是下游、上游河段的断面面积的收敛长度。

2.1.2　垂向平均咸潮解析解验证

应用 Savenije 等[6,8-9] 解析解对 2009 年 12 月磨刀门水道的垂向平均盐度进行模拟，计算结果如图 2.1 至图 2.3 所示，整体上看，模型能对垂向平均下的盐度分布进行较为合理的模拟，但是在垂向分层较为明显的小潮期，盐度分布模拟精度明显要低于其他时段。同时，由于仅能获得垂向平均下的咸潮模拟结果，Savenije 等[6,8-9] 解析解难以刻画表层咸潮特征，特别是对于小潮期，从图 2.1 可以明显看出，由于表层盐度和垂向平均盐度差异明显，垂向平均下的咸潮解析解难以模拟表层盐度分布，因此有必要采用表层咸潮解析模型。

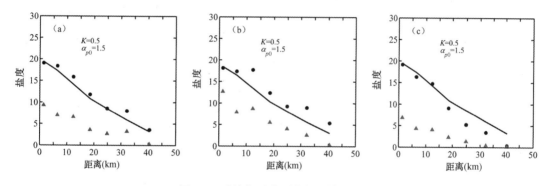

图 2.1　小潮期垂向平均解析模型率定

（a）15：00 12/10/2009-15：00 12/11/2009；（b）16：00 12/11/2009-16：00 12/12/2009；（c）04：00 12/24/2009-04：00 12/25/2009。图中实线为潮周期平均（TA）条件下垂向平均盐度模拟值，圆点为垂向平均盐度实测值，三角形为表层盐度实测值（下同）。

2.2　表层咸潮上溯解析解推导

本节从垂向二维盐度对流扩散方程出发，推求适用于不同类型河口的表层咸潮上溯解析解。

2.2.1　河口地形概化

根据 Savenije 等[6,8-9] 对全世界范围内众多河口地形的分析研究及总结，断面面积、河宽以及断面平均水深可近似采用如下分段函数对其进行概化，假定河口地形分成两段，则

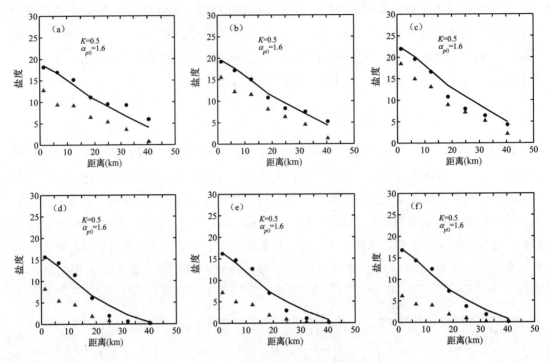

图 2.2　中潮期垂向平均解析模型率定

小潮转大潮期中潮：（a）17：00 12/12/2009-17：00 12/13/2009；（b）18：00 12/13/2009-18：00；（c）12/14/200919：00 12/14/2009-19：00 12/15/2009。大潮转小潮期中潮：（d）01：00 12/21/2009-01：00 12/22/2009；（e）02：00 12/22/2009-02：00 12/23/2009；（f）03：00 12/23/2009-03：00 12/24/2009。

$$\begin{cases} A = A_0 \mathrm{e}^{-x/l_{a1}} & (0 < x \leqslant x_1) \\ A = A_1 \mathrm{e}^{-(x-x_1)/l_{a2}} & (x > x_1) \end{cases} \tag{2.3}$$

$$\begin{cases} B = B_0 \mathrm{e}^{-x/l_{b1}} & (0 < x \leqslant x_1) \\ B = B_1 \mathrm{e}^{-(x-x_1)/l_{b2}} & (x > x_1) \end{cases} \tag{2.4}$$

$$\begin{cases} h = A_0/B_0 \mathrm{e}^{-x(1/l_{a1}-1/l_{b1})} & (0 < x \leqslant x_1) \\ h = A_1/B_1 \mathrm{e}^{-(x-x_1)(1/l_{a2}-1/l_{b2})} & (x > x_1) \end{cases} \tag{2.5}$$

式中，A 为断面面积；B 为宽度；h 为水深；下标 0 和 1 分别代表河口口门处以及地形概化分段点的特征；l_{a1}、l_{b1} 是下游河段的断面面积以及宽度的收敛长度；l_{a2}、l_{b2} 是上游河段的断面面积以及宽度的收敛长度。

2.2.2　表层盐度分布解析解推导

对于部混合型河口，稳态情形下［如潮周期平均（TA）、涨憩时刻（HWS）、落憩时刻（LWS）］横向平均的盐度守恒型方程可写成如下格式[71-72]。

$$Bu\frac{\partial S}{\partial x} + Bw\frac{\partial S}{\partial z} = \frac{\partial}{\partial x}\left(D_x B\frac{\partial S}{\partial x}\right) + \frac{\partial}{\partial z}\left(D_z B\frac{\partial S}{\partial z}\right) \tag{2.6}$$

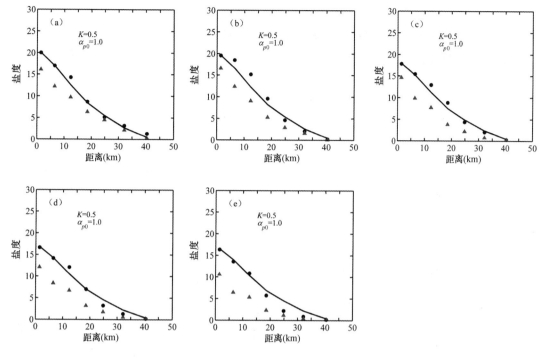

图 2.3　大潮期垂向平均解析模型率定

（a）20：00 12/15/2009-20：00 12/16/2009；（b）21：00 12/16/2009-21：00 12/17/2009；（c）22：00 12/17/2009-22：00 12/18/2009；（d）23：00 12/18/2009-23：00 12/19/2009；（e）00：00 12/20/2009-00：00 12/21/2009。

式中，S 为盐度；B 为河道宽度；x 为纵向坐标（向上游为正，零点位置设在口门处）；z 是垂向坐标；u、w 分别为 x、z 方向上的流速，D_x、D_z 分别为纵向及垂向上的盐度扩散系数。

由表层边界条件 $\partial S/\partial z = 0$，同时忽略垂向扩散系数[71-73]，近表层的盐度控制方程可写成如下形式。

$$Bu_s \frac{\partial S_s}{\partial x} = \frac{\partial}{\partial x}\left(D_{sx}B\frac{\partial S_s}{\partial x}\right) \qquad (2.7)$$

式中，S_s 是表层盐度；D_{sx} 是表层纵向扩散系数；u_s 是表层流速。

结合式（2.5），将式（2.7）两边同时乘以 h，可得

$$Au_s \frac{\partial S_s}{\partial x} = \frac{\partial}{\partial x}\left(D_{sx}A\frac{\partial S_s}{\partial x}\right) + D_{sx}A_0 e^{-x/l_a}\left(\frac{1}{l_a}-\frac{1}{l_b}\right)\frac{\partial S_s}{\partial x} \qquad (2.8a)$$

即

$$\left[1 - \frac{D_{sx}}{u_s}\left(\frac{1}{l_a}-\frac{1}{l_b}\right)\right]Au_s\frac{\partial S_s}{\partial x} = \frac{\partial}{\partial x}\left(AD_{sx}\frac{\partial S_s}{\partial x}\right) \qquad (2.8b)$$

流速垂向剖面可写成与水深相关的函数[74]：

$$u = u_* f(\xi) \tag{2.9}$$

式中，u_* 为摩阻流速；$f(\xi)$ 为 ξ 的函数，其中 $\xi = z/H$（H 是全水深）。

表层流速与垂向平均流速的关系可以写成如下形式。

$$u_s = m\bar{u} \tag{2.10a}$$

其中

$$m = f(1) \Big/ \int_0^1 f(\xi)\,\mathrm{d}\xi \tag{2.10b}$$

式中，$\bar{u}$ 是垂向平均流速；m 是表层流速与垂向平均流速之间的比值。

垂向平均流速可由下式得出[8-9]：

$$\bar{u} = \frac{Q_f + Q_t}{A} \tag{2.11}$$

式中，Q_f 是由上游河道进入河口的淡水流量；Q_t 是潮流量。

稳态情形下，潮流量 Q_t 为 0，因此：

$$u_s = m\frac{Q_f}{A} \tag{2.12}$$

Van der Burgh 推导了垂向平均流速（Q_f/A）与沿河道纵向扩散系数之间的关系式，该关系式简单有效，已被众多学者采用[8-9,11-12,25]。

$$\frac{\mathrm{d}D_{sx}}{\mathrm{d}x} = K\frac{Q_f}{A} \tag{2.13}$$

式中，Van der Burgh 系数 K 是介于 0 至 1 之间的常数。

为了描述上的方便，下文中省略掉扩散系数 D 下标 sx。结合断面面积变化公式，即式（2.3），对式（2.13）进行积分，沿河道的纵向扩散系数表达式如下。

$$\begin{cases} \dfrac{D(x)}{D_0} = 1 + \dfrac{l_{a1}KQ_f}{A_0 D_0}\left(\mathrm{e}^{\frac{x}{l_{a1}}} - 1\right) & (0 < x \leqslant x_1) \\[3mm] \dfrac{D(x)}{D_1} = 1 + \dfrac{l_{a2}KQ_f}{A_1 D_1}\left(\mathrm{e}^{\frac{x-x_1}{l_{a2}}} - 1\right) & (x > x_1) \end{cases} \tag{2.14}$$

式中，D_0 和 D_1 分别代表河口口门以及变化点的表层扩散系数。

由式（2.14）和式（2.12）可推得表层流速与扩散系数之间的关系如下。

$$\begin{cases} \dfrac{D(x)}{u_s} = \dfrac{\left[(A_0 D_0 - l_{a1}KQ_f)\,\mathrm{e}^{-x/l_{a1}} + l_{a1}KQ_f\right]}{mQ_f} & (0 < x \leqslant x_1) \\[3mm] \dfrac{D(x)}{u_s} = \dfrac{\left[(A_1 D_1 - l_{a2}KQ_f)\,\mathrm{e}^{-(x-x_1)/l_{a1}} + l_{a1}KQ_f\right]}{mQ_f} & (x > x_1) \end{cases} \tag{2.15}$$

考虑 $0 < x \leqslant x_1$ 的情形，将式（2.15）代入式（2.8b），同时略去 S 的下标 s，可变成如下形式。

$$\left[mQ_f - \left(\frac{1}{l_{a1}} - \frac{1}{l_{b1}}\right) l_{a1} KQ_f - \left(\frac{1}{l_{a1}} - \frac{1}{l_{b1}}\right) (A_0 D_0 - l_{a1} KQ_f)\, e^{-x/l_{a1}} \right] \frac{\partial S}{\partial x} = \frac{\partial}{\partial x}\left(AD\,\frac{\partial S}{\partial x} \right) \tag{2.16}$$

即

$$\left[\frac{mQ_f}{(A_0 D_0 - l_{a1} KQ_f)\, e^{-x/l_{a1}} + l_{a1} KQ_f} - \left(\frac{1}{l_{a1}} - \frac{1}{l_{b1}}\right) \right] AD\,\frac{\partial S}{\partial x} = \frac{\partial}{\partial x}\left(AD\,\frac{\partial S}{\partial x} \right) \tag{2.17}$$

对式 (2.17) 积分

$$\ln\left(AD\,\frac{\partial S}{\partial x} \right) = \frac{m}{K} \ln\left[(A_0 D_0 - l_{a1} KQ_f) + l_{a1} KQ_f e^{x/l_{a1}} \right] - \left(\frac{1}{l_{a1}} - \frac{1}{l_{b1}}\right) x + c \tag{2.18}$$

即

$$AD\,\frac{\partial S}{\partial x} = C\left[(A_0 D_0 - l_{a1} KQ_f) + l_{a1} KQ_f e^{x/l_{a1}} \right]^{\frac{m}{K}} \cdot e^{-\left(\frac{1}{l_{a1}} - \frac{1}{l_{b1}}\right) x} \tag{2.19}$$

$$\frac{\partial S}{\partial x} = C\left[(A_0 D_0 - l_{a1} KQ_f) + l_{a1} KQ_f e^{x/l_{a1}} \right]^{\frac{m}{K}-1} e^{\frac{x}{l_{a1}}} \cdot e^{-\left(\frac{1}{l_{a1}} - \frac{1}{l_{b1}}\right) x} \tag{2.20}$$

对式 (2.20) 积分，并利用积分第一中值定理，得

$$\begin{aligned}
S_f - S &= C \int_x^{+\infty} \left[(A_0 D_0 - l_{a1} KQ_f) + l_{a1} KQ_f e^{x/l_{a1}} \right]^{\frac{m}{K}-1} e^{\frac{x}{l_{a1}}} \cdot e^{-\left(\frac{1}{l_{a1}} - \frac{1}{l_{b1}}\right) x} \mathrm{d}x \\
&= C e^{-\left(\frac{1}{l_{a1}} - \frac{1}{l_{b1}}\right) \xi} \int_x^{+\infty} \left[(A_0 D_0 - l_{a1} KQ_f) + l_{a1} KQ_f e^{x/l_{a1}} \right]^{\frac{m}{K}-1} \cdot e^{\frac{x}{l_{a1}}} \mathrm{d}x \\
&= -C e^{-\left(\frac{1}{l_{a1}} - \frac{1}{l_{b1}}\right) \xi} \frac{1}{mQ_f} \left[(A_0 D_0 - l_{a1} KQ_f) + l_{a1} KQ_f e^{x/l_{a1}} \right]^{\frac{m}{K}}
\end{aligned} \tag{2.21}$$

式中，ξ 为大于 x 的数。

当 $x = 0$ 时

$$S_f - S_0 = -C e^{-\left(\frac{1}{l_{a1}} - \frac{1}{l_{b1}}\right) \eta} \frac{1}{mQ_f} (A_0 D_0)^{\frac{m}{K}} \tag{2.22}$$

式中 $\eta > 0$。

由式 (2.21) 和式 (2.22) 可得，在 $0 < x \leqslant x_1$ 时

$$\frac{S - S_f}{S_0 - S_f} = e^{-\lambda\left(\frac{1}{l_{a1}} - \frac{1}{l_{b1}}\right)} \left[1 + \frac{l_{a1} KQ_f}{A_0 D_0}(e^{x/l_{a1}} - 1) \right]^{\frac{m}{K}} \tag{2.23}$$

式中，$\lambda = \xi - \eta$，且 $\lambda > 0$（注：对于指数单调函数，根据积分第一中值定理可知，$\eta < \xi$）。

类似地，考虑 $x_1 < x$，则

$$\begin{cases}
\dfrac{S - S_f}{S_0 - S_f} = e^{-\lambda\left(\frac{1}{l_{a1}} - \frac{1}{l_{b1}}\right)} \left\{ 1 + \dfrac{l_{a1} m K_s Q_f}{A_0 D_0}\left[e^{\frac{x}{l_{a1}}} - 1 \right] \right\}^{\frac{1}{K_s}} & (0 < x \leqslant x_1) \\[4mm]
\dfrac{S - S_f}{S_1 - S_f} = e^{-\lambda\left(\frac{1}{l_{a2}} - \frac{1}{l_{b2}}\right)} \left\{ 1 + \dfrac{l_{a2} m K_s Q_f}{A_1 D_1}\left[e^{\frac{x-x_1}{l_{a2}}} - 1 \right] \right\}^{\frac{1}{K_s}} & (x > x_1)
\end{cases} \tag{2.24a}$$

其中

$$K_s = K/m \tag{2.24b}$$

式中，S_0 和 S_1 分别代表河口口门位置及地形分段点的盐度；K_s 为表层 Van der Burgh 系数。

考虑到 m 的值、淡水流量 Q_f 和扩散系数 D 通常是较难获得的，我们引入了一个无量纲系数 α 作为综合系数，式（2.24a）变为

$$\begin{cases} \dfrac{S - S_f}{S_0 - S_f} = \mathrm{e}^{-\lambda\left(\frac{1}{l_{a1}} - \frac{1}{l_{b1}}\right)} \left[1 - \dfrac{K_s}{\alpha_0}(\mathrm{e}^{\frac{x}{l_{a1}}} - 1) \right]^{\frac{1}{Ks}} & (0 < x \leqslant x_1) \\[4mm] \dfrac{S - S_f}{S_1 - S_f} = \mathrm{e}^{-\lambda\left(\frac{1}{l_{a2}} - \frac{1}{l_{b2}}\right)} \left[1 - \dfrac{K_s}{\alpha_1}(\mathrm{e}^{\frac{x - x_1}{l_{a2}}} - 1) \right]^{\frac{1}{Ks}} & (x > x_1) \end{cases} \tag{2.25a}$$

其中

$$\begin{cases} \alpha_0 = -\dfrac{A_0 D_0}{l_{a1} m Q_f} & (0 < x \leqslant x_1) \\[4mm] \alpha_1 = -\dfrac{A_1 D_1}{l_{a2} m Q_f} & (x > x_1) \end{cases} \tag{2.25b}$$

结合式（2.14）、式（2.24b）以及式（2.25b）可得

$$\frac{\alpha_1}{\alpha_0} = \frac{l_{a1} A_1}{l_{a2} A_0}\left[1 - \frac{K_s}{\alpha_0}(\mathrm{e}^{\frac{x_1}{l_{a1}}} - 1) \right] \tag{2.26}$$

当水深沿程梯度变化很小时，可近似按平底情形考虑，式（2.25a）可简化为如下形式。

$$\begin{cases} \dfrac{S - S_f}{S_0 - S_f} = \left[1 - \dfrac{K_s}{\alpha_0}(\mathrm{e}^{\frac{x}{l_{a1}}} - 1) \right]^{\frac{1}{Ks}} & (0 < x \leqslant x_1) \\[4mm] \dfrac{S - S_f}{S_1 - S_f} = \left[1 - \dfrac{K_s}{\alpha_1}(\mathrm{e}^{\frac{x - x_1}{l_{a2}}} - 1) \right]^{\frac{1}{Ks}} & (x > x_1) \end{cases} \tag{2.27}$$

由式（2.25a）与式（2.27）可知：① 与平底情形相比较，当河口水深沿程变浅时，盐度呈减小趋势，而当河口水深沿程变深时，盐度呈增加趋势；② 在河口水深沿程变化幅度较小的情况下，可以忽略水深变化的影响，即可近似按式（2.27）对河口表层咸潮上溯进行模拟。

2.2.3　表层咸潮上溯距离

若河道淡水盐度 S_f 为 0，则式（2.25a）可简化为如下形式。

$$\begin{cases} S = S_0 \mathrm{e}^{-\lambda\left(\frac{1}{l_{a1}} - \frac{1}{l_{b1}}\right)} \left[1 - \dfrac{K_s}{\alpha_0}(\mathrm{e}^{\frac{x}{l_{a1}}} - 1) \right]^{\frac{1}{Ks}} & (0 < x \leqslant x_1) \\[4mm] S = S_1 \mathrm{e}^{-\lambda\left(\frac{1}{l_{a2}} - \frac{1}{l_{b2}}\right)} \left[1 - \dfrac{K_s}{\alpha_1}(\mathrm{e}^{\frac{x - x_1}{l_{a2}}} - 1) \right]^{\frac{1}{Ks}} & (x > x_1) \end{cases} \tag{2.28a}$$

当河口水深沿程变化幅度较小时，式（2.28a）可退化为

$$\begin{cases} S = S_0 \left[1 - \dfrac{K_s}{\alpha_0} (e^{\frac{x}{l_{a1}}} - 1) \right]^{\frac{1}{K_s}} & (0 < x \leqslant x_1) \\[4mm] S = S_1 \left[1 - \dfrac{K_s}{\alpha_1} (e^{\frac{x - x_1}{l_{a2}}} - 1) \right]^{\frac{1}{K_s}} & (x > x_1) \end{cases} \tag{2.28b}$$

根据我国现行标准《地表水环境质量标准》（GB 3838—2002）和《生活饮水用水水源水质标准》（CJ 3020—93），氯化物含量 250 mg/L 是盐水是否超标的标准，即当盐度为 0.5 时接近正常生活用水标准，此时的 x 为咸潮上溯距离 L：

$$\begin{cases} L = l_{a1} \ln\left\{ 1 + \dfrac{\alpha_0}{K_s} \left[1 - \left(\dfrac{0.5}{S_0 e^{-\lambda \left(\frac{1}{l_{a1}} - \frac{1}{l_{b1}} \right)}} \right)^K \right] \right\} & (0 < L \leqslant x_1) \\[5mm] L = x_1 + l_{a2} \ln\left\{ 1 + \dfrac{\alpha_0}{K_s} \left[1 - \left(\dfrac{0.5}{S_1 e^{-\lambda \left(\frac{1}{l_{a2}} - \frac{1}{l_{b2}} \right)}} \right)^K \right] \right\} & (L > x_1) \end{cases} \tag{2.29a}$$

当河口水深沿程变化幅度较小时，式（2.29a）可变化为

$$\begin{cases} L = l_{a1} \ln\left\{ 1 + \dfrac{\alpha_0}{K_s} \left[1 - \left(\dfrac{0.5}{S_0} \right)^K \right] \right\} & (0 < L \leqslant x_1) \\[5mm] L = x_1 + l_{a2} \ln\left\{ 1 + \dfrac{\alpha_0}{K_s} \left[1 - \left(\dfrac{0.5}{S_1} \right)^K \right] \right\} & (L > x_1) \end{cases} \tag{2.29b}$$

2.3　河口表层咸潮解析解验证

2.3.1　地形概化验证

河口下游段采用 2011 年地形，上游段采用 2008 年实测断面地形（见图 2.4）。

根据该实测数据，磨刀门河口地形可采用两段函数进行概化，分段点大致在距离口门位置约 14 km 处，地形特征参数如表 2.1 所示。图 2.5 给出了拟合的断面面积、宽度以及水深与实测断面地形参数的对比图，其中断面面积从实测地形图获得，宽度为断面平均宽度，水深为断面平均水深。从中可以看出，式（2.3）至式（2.5）可对磨刀门河口地形进行合理的描述，断面面积及宽度基本从下游往上游递减，下游断面面积及宽度的减小速率大于上游河道断面的变化速率。对于磨刀门河口断面平均水深，分段点上游及下游水深呈一定差异，但从图 2.5 可以看出，在上游段及下游段内部水深沿程并无明显变化趋势，因此，可近似按分段常数对磨刀门河口断面平均水深进行刻画。

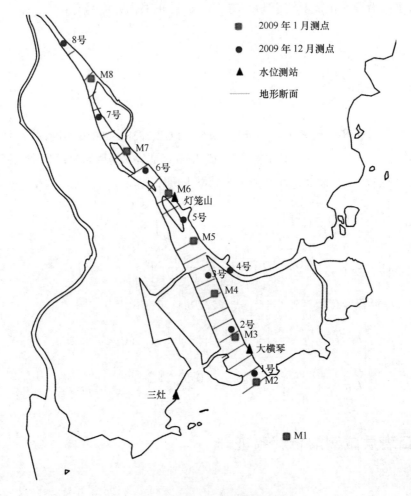

图 2.4　地形断面及测站位置

图中标注了解析模型率定及验证所用站点位置。

表 2.1　磨刀门河口现状地形特征参数

A_0（m^2）	l_{a1}（km）	A_1（m^2）	l_{a2}（km）	x_1（km）	h_0（m）	h_1（m）
14 010	18	12 623	60	14	4.63	7.0

2.3.2　模型率定

考虑到磨刀门河口上游段及下游段水深沿程变化幅度较小，同时考虑到参数率定的方便性，在本章中采用式（2.27）对磨刀门河口表层盐度进行模拟。

在式（2.27）中系数 K_s 和混合参数 α_0 需要确定，本研究采用 2009 年 12 月 10—23 日实测数据（观测 2）对其进行率定。对于一个特定的河口，系数 K_s 通常为常数，而参数

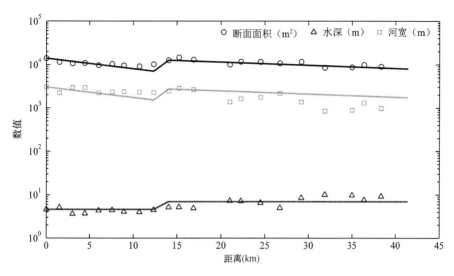

图 2.5　磨刀门河口现状断面面积、宽度及水深

图中实线为计算值，散点为实测值。

α_0 随径流和潮汐过程发生变化。分别针对小潮、中潮（包括小潮转大潮的中潮以及大潮转小潮的中潮）及大潮涨憩、落憩及潮周期平均情形（表 2.2），对 K_s 和 α_0 进行率定，率定结果见表 2.3，表层盐度分布模拟结果与实测值的对比见图 2.6 至图 2.8 所示。

表 2.2　解析模型率定及验证时段内径流及潮汐过程

观测场次	编号	时间	径流（m^3/s）	潮差（m）	潮汐类型
观测 1	1	18：00 01/12/2009-18：00 01/13/2009	3 320	2.25	大潮
观测 2	2	15：00 12/10/2009-15：00 12/11/2009	2 238	0.87	小潮
观测 2	3	16：00 12/11/2009-16：00 12/12/2009	2 417	0.93	
观测 2	4	17：00 12/12/2009-17：00 12/13/2009	2 482	1.37	中潮（小潮转大潮）
观测 2	5	18：00 12/13/2009-18：00 12/14/2009	2 223	1.71	
观测 2	6	19：00 12/14/2009-19：00 12/15/2009	2 140	1.85	
观测 2	7	20：00 12/15/2009-20：00 12/16/2009	2 782	2.20	
观测 2	8	21：00 12/16/2009-21：00 12/17/2009	2 683	2.12	
观测 2	9	22：00 12/17/2009-22：00 12/18/2009	2 742	2.04	大潮
观测 2	10	23：00 12/18/2009-23：00 12/19/2009	2 568	1.97	
观测 2	11	00：00 12/20/2009-00：00 12/21/2009	2 380	1.93	

续表

观测场次	编号	时间	径流（m³/s）	潮差（m）	潮汐类型
观测 2	12	01：00 12/21/2009-01：00 12/22/2009	2 373	1.87	
观测 2	13	02：00 12/22/2009-02：00 12/23/2009	2 182	1.52	中潮（大潮转小潮）
观测 2	14	03：00 12/23/2009-03：00 12/24/2009	1 691	1.46	
观测 2	15	04：00 12/24/2009-04：00 12/25/2009	1 250	1.23	小潮
观测 3	16	19：00 01/08/2016-19：00 01/09/2016	4 519	1.83	
观测 3	17	20：00 01/09/2016-20：00 01/10/2016	5 003	1.98	
观测 3	18	21：00 01/10/2016-21：00 01/11/2016	6 006	2.21	大潮
观测 3	19	22：00 01/11/2016-22：00 01/12/2016	7 066	2.13	
观测 3	20	23：00 01/12/2016-23：00 01/13/2016	7 789	1.99	

表 2.3　K_s 和 α_0 率定结果

潮汐类型	K_s	α_0		
		HWS	LWS	TA
小潮		1.56	1.56	1.56
中潮（小潮转大潮）	0.15	2.10	1.95	2.02
大潮		1.56	1.09	1.25
中潮（大潮转中潮）		1.17	1.01	1.09

从率定结果来看，模拟的盐度值与实测结果基本一致，系数 K_s 一直保持为 0.15。小潮期间，α_0 值在 HWS、LWS 及 TA 条件下保持一致，然而在中潮以及大潮期间，α_0 值与 HWS、LWS 及 TA 条件相关。率定中的 α_0 值在小潮转大潮的中潮期大于大潮转小潮的中潮。模拟的磨刀门河口沿程站点盐度峰值均出现在小潮向大潮过渡的中潮期，这与磨刀门河口咸潮上溯实际情况也是一致的。盐度值模拟误差最大的位置大致出现在距离为 5 km 以及距离为 10 km 处，这可能与解析模型难以考虑该位置附近支汊如洪湾水道、鹤州水道等（位置见图 2.4）的咸潮上溯过程有关。

2.3.3　模型验证

基于率定好的参数 K_s，采用 2009 年 1 月 12 日 18 时至 13 日 18 时大潮期实测数据对模型进行验证。验证时段潮型与 2009 年 12 月 15 日 20 时至 21 日 0 时较为一致，但是河道径

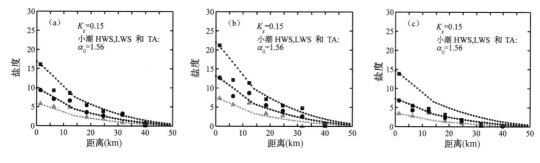

图 2.6　小潮期表层解析模型率定

（a）15：00 12/10/2009-15：00 12/11/2009；（b）16：00 12/11/2009-16：00 12/12/2009；（c）04：00 12/24/2009-04：00 12/25/2009。图中正方形、三角形及圆形点线分别为 HWS、LWS 及 TA 条件下的模拟值，正方形、三角形及圆形点分别为 HWS、LWS 及 TA 条件下实测值（下同）。

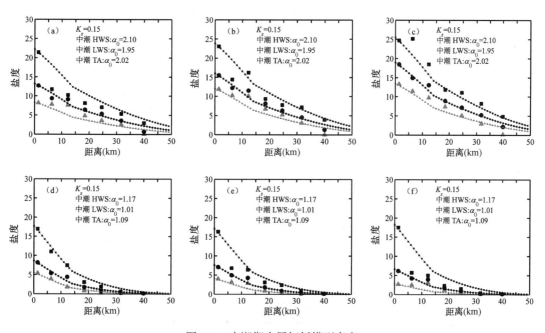

图 2.7　中潮期表层解析模型率定

小潮转大潮期中潮：（a）17：00 12/12/2009-17：00 12/13/2009；（b）18：00 12/13/2009-18：00；（c）12/14/200919：00 12/14/2009-19：00 12/15/2009。大潮转小潮期中潮：（d）01：00 12/21/2009-01：00 12/22/2009；（e）02：00 12/22/2009-02：00 12/23/2009；（f）03：00 12/23/2009-03：00 12/24/2009。

流量差异较大。考虑到珠江河口与河网水系复杂，分汊口较大，进入磨刀门河口的上游径流较难确定，同时参数 m 通常也是未知的，因此在验证过程中，参数 α_0 通过率定获取。HWS、LWS 及 TA 条件下参数 α_0 的值分别为 1.01、0.62 及 0.78。模型计算结果与实测结果的比较如图 2.9 所示，从中可以看出，模型验证结果与时间情况较为吻合，表明本模型具有较高的适应性。

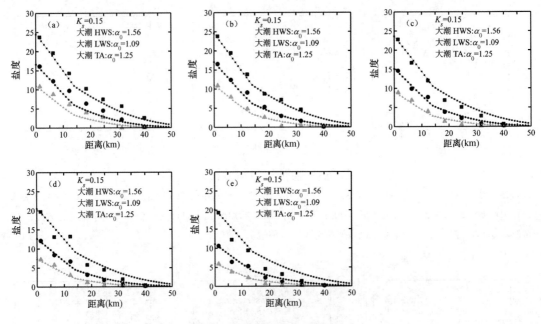

图 2.8　大潮期表层解析模型率定

（a）20：00 12/15/2009-20：00 12/16/2009；（b）21：00 12/16/2009-21：00 12/17/2009；（c）22：00 12/17/2009-22：00 12/18/2009；（d）23：00 12/18/2009-23：00 12/19/2009；（e）00：00 12/20/2009-00：00 12/21/2009。

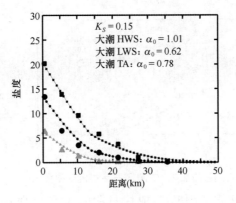

图 2.9　表层解析模型验证

2.4　河口表层咸潮预报

　　表层盐度的准确模拟与地形输入参数、表层 Van der Burgh 系数 K_s 和混合参数 α_0 密切相关。对于磨刀门河口地形，采用分段函数对河口断面面积及水深变化进行刻画，所采用的概化函数在很多河口也得到了应用[5-6,8]。表层 Van derBurgh 系数 K_s 影响盐度纵向分布的曲线类型，研究表明该系数与径流、潮流动力无关，是由河口地形及河道粗糙度等决定的[9,11-12]。经率定在大中小潮不同潮汐条件下，磨刀门河口表层 Van derBurgh 系数始终保持在 0.15，这与前人研究结论一致。混合参数 α_0 与众多因素相关，包括河道地形、淡水径流 Q_f，表层盐度扩散系数 D_0 以及比值 m，见式（2.25b）。已有研究表明，河口地形对咸潮上溯具有重要影响[12]。显然，地形特征参数随水深的变化而变化，比如说，水深增加将导致断面面积的增加和收敛长度的减小。在本章中应用所推导的解析模型时，尽管地形特征参数一直保持恒定，但是对混合参数 α_0 的率定是分大潮、中潮、小潮的 HWS、LWS 及 TA 分别进行的，实际上相当于考虑了地形变化的影响。可以看到，由于地形变化幅度在大潮时大于小潮，本章中率定的混合参数 α_0 在大潮时的变化幅度大于小潮时的变化幅度（表 2.3）。

通过获取上游水文站点的径流数据，流量 Q_f 与表层流速可通过关系式（2.10）计算得到。尽管表层流速受很多其他因素如水体密度、风应力、盐淡水混合过程以及地形的影响，这些因素被一个综合的参数 m 所代替，如表 2.4 所示，该值的变化范围在 2.51～12.12 之间。模型率定及验证结果表明，这样的处理并未明显影响到模型的模拟精度。

表 2.4　潮周期平均下磨刀门河口口门处参数值

编号	1	2	3	4	5	6	7	8
u_{sf}（m/s）	0.37	0.43	0.20	0.43	0.27	0.34	0.52	0.47
Q_f/A（m/s）	0.09	0.07	0.08	0.08	0.07	0.07	0.09	0.09
m	4.11	5.74	2.51	5.21	3.70	4.73	5.65	5.24

编号	9	10	11	12	13	14	15	
u_{sf}（m/s）	0.47	0.45	0.53	0.55	0.53	0.51	0.50	
Q_f/A（m/s）	0.09	0.09	0.08	0.08	0.07	0.06	0.04	
m	5.15	5.24	6.75	7.09	7.42	9.16	12.12	

注：表中潮周期编号与表 2.2 对应。

考虑到表层扩散系数 D_0 和参数 m 在式（2.25）的同一项中，本章基于率定的 D_0/m（$D_0/m = -\alpha_0 l_{a1} Q_f/A_0$）推导了磨刀门河口的经验关系式，在 TA 条件下，该表达式如下。

$$D_0/m = 750(E_0 v_0 h_0/l_a) N_R^{0.5} \tag{2.30}$$

式中，v_0 为河口口门处潮汐振幅，一般大潮特征值取 1.0 m/s，中潮取 0.8 m/s，小潮取 0.5 m/s；$E_0 = v_0 T/\pi$ 是口门处的潮程；T 是潮周期，取值为 86 400 s；N_R 是河口 Richardson 数，其定义如下。

$$N_R = (\Delta\rho/\rho)(ghQ_f T/A_0 E_0 v_0^2) \tag{2.31}$$

式中，ρ 为河口口门处表层盐水密度，$\Delta\rho$ 是盐淡水密度差。采用式（2.28）的计算结果与率定数据的比较如图 2.10 所示，从图中可以看出，式（2.28）与观测结果吻合较好，标准差为 471 m²/s，大致占观测结果的 29.7%。

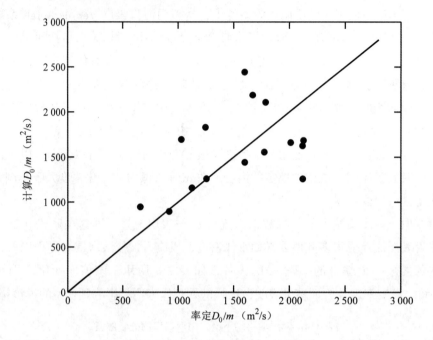

图 2.10　计算 D_0/m 值与率定 D_0/m 值对比

　　为测试本模型的预测精度，采用 2016 年 1 月 8—13 日磨刀门河口 4 个测站（位置见图 2.4）的盐度原型观测数据对模型进行进一步的验证，验证测站分布范围在口门及河口上游 36 km 范围内。在该时段内，河口上游马口站潮周期平均流量在 4 519~7 789 m³/s 之间（如表 2.2 所示），混合参数 α_0 采用式（2.30）计算获得，从图 2.11 可以看出，表层盐度从河口往上游递减，由于上游径流量较大，盐度呈现快速下降趋势，这与实际情况基本一致，表明该模型对不同径流条件下的河口咸潮上溯亦具有较高的精度。

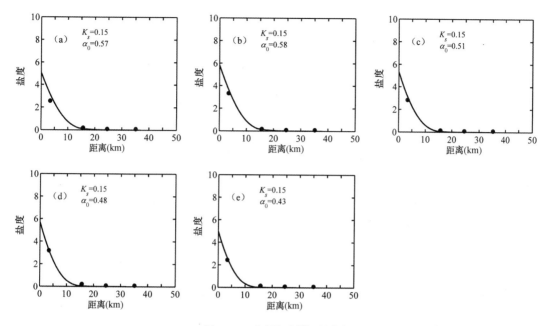

图 2.11 表层解析模型预测

（a）19：00 01/08/2016-19：00 01/09/2016；（b）20：00 01/09/2016-20：00 01/10/2016；（c）21：00 01/10/2016-21：00 01/11/2016；（d）22：00 01/11/2016-22：00 01/12/2016；（e）23：00 01/12/2016-23：00 01/13/2016。图中实线为 TA 条件下模拟值，圆点为 TA 条件下实测值。

第3章 河口咸潮统计模拟及预报

河口咸潮统计预报基于实测数据构建预报模式，是目前咸潮业务预报中应用最为广泛的方式之一。河口咸潮受径流、潮汐、风等动力因素影响较大，传统的咸潮统计模型从纯数据相关性出发，采用简单的线性回归或多元回归模式对咸潮上溯过程进行预测，忽略咸潮上溯物理机制。实际河口咸潮上溯过程复杂，咸潮与其影响因素之间为复杂的非线性关系，为实现参数的最佳拟合，传统的统计预报模式通常需要不断变换率定参数，这使其预报精度及推广应用受到一定限制。本章从咸潮上溯的动力机制出发，考虑河口前期盐度场对后期咸潮上溯过程的影响，推求了反映前期盐度记忆效应的、具有明确物理意义的咸潮上溯统计预报模型，利用近年来珠江磨刀门河口典型取水断面较长时间序列（2007—2011年枯水期）的咸潮资料对模型进行了率定，采用2011—2013年枯水期咸潮资料进行了后报验证，取得了较好的效果，值得推广应用。

3.1 河口咸潮统计预测函数一般形式

3.1.1 研究思路

河口咸潮主要受上游径流、外海潮汐动力、风、河口地形、海平面变化等因素影响，其中径流及潮汐动力是河口咸潮上溯的关键影响因素。磨刀门河口为径流型河口，上游径流量大时，盐水受到顶托，咸潮难以上溯；随着径流动力的减弱，盐水随潮上溯，易形成咸潮灾害。河口潮汐动力具有一定周期性，主要表现为日周期及半月周期。磨刀门河口为不规则半日潮，一般每日有两次潮涨潮落过程，在每月的朔、望两日，涨潮过程中潮水位将达最大值，与此对应，咸潮也呈现日周期及半月周期变化，但由于珠江河口河网密布，水动力系统复杂，咸潮周期与潮汐周期存在一定的相位差。据统计，在半月周期中，磨刀门水道咸潮上溯强度一般在小潮后的中潮期达到最大，而后咸潮开始消退，一般在大潮后的中潮期消退速度最快（图3.1）。风对磨刀门河口咸潮影响较大，风力和风向通过影响河口环流结构对咸潮上溯过程产生重要作用。海平面上升、河口地形变化时间尺度相对较大，一般为年甚至是数年。在进行日-月周期咸潮预报时，一般不需要对此因素单独进行考虑。

值得注意的是，河口咸潮不仅与当前径流量、潮汐、风等因素相关，还受河口初始盐

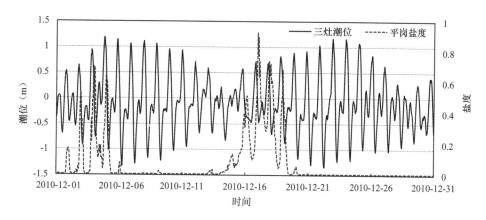

图 3.1　磨刀门河口咸潮上溯强度半月周期变化

度场影响明显，河口本底盐度越高，相同动力条件下的咸潮上溯强度越强，反之越弱。河口咸潮上溯对前期盐度表现为明显的记忆效应，在咸潮数值模拟中，盐度初始场的影响已得到充分认识，然而在河口咸潮统计模拟及预报中还未得到应有的重视。因此，本章构建的咸潮统计模拟及预报模型重点考虑径流、潮汐动力、风及前期盐度等因素的影响。径流动力对咸潮上溯的影响函数形式，参考第 2 章中推求的解析解结构形式，以指数函数表示：

$$S_Q = ae^{bQt} \tag{3.1}$$

式中，S_Q 为盐度；Q_t 为流量；a，b 为待定系数。

潮汐动力的影响主要通过潮差的变化或大小来反映，对于潮周期（潮周期）咸潮预报，考虑到磨刀门河口咸潮在小潮后的中潮期上溯强度最大，而在大潮后的中潮期消退速度最快。因此，采用潮差变化梯度来表征这一特征。

$$\delta S_H = c\frac{H_{t+1} - H_{t-1}}{H_{\max}} \tag{3.2}$$

式中，δS_H 为潮汐影响盐度；H_{t+1} 为当前时间 t 向后推进 1 天的日最大潮差；H_{t-1} 为当前时间 t 向前推进 1 天的日最大潮差；$H_{\max}$ 为该日所在的农历半个月的最大日潮差；c 为待定系数。

对于半月或月周期（半月或月）咸潮统计预报，主要考虑半月或月平均潮差的影响。

$$\delta S_H = c\overline{H_t} \tag{3.3}$$

式中，$\overline{H_t}$ 为半月或月周期（半月或月）平均潮差。

风速风向具有一定的随机性，难以采用特定的函数加以描述，其对咸潮上溯影响考虑通过引入修正系数加以描述。

在咸潮上溯控制方程中，前期盐度的影响通过盐度的时间变化项 $\dfrac{\partial S}{\partial t}$ 进行描述，在本

45

章中通过引入 Gamma 分布函数[76]来表征前期盐度的影响。

$$\delta S_{t-i} = d_1 \omega_{t-1} S_{t-1} + d_2 \omega_{t-2} S_{t-2} + \cdots \qquad (3.4a)$$

其中

$$\zeta_{t-i} = \mathrm{Gamma}(\alpha,\ \beta,\ i) = \beta^\alpha \frac{1}{\Gamma(\alpha)}(i)^{\alpha-1} e^{-\beta i} \qquad (3.4b)$$

$$\omega_{t-i} = \frac{\zeta_{t-i}}{\sum_{i=1}^{m} \zeta_{t-i}} \qquad (3.4c)$$

式中，t 为当前时间；$t-i$ 为从当前时间 t 向前推进 i 天；α 为形状参数；β 为尺度参数；ω_{t-i} 为权重系数；d_1，d_2，$\cdots$ 为系数。

考虑到磨刀门水道的平岗泵站、广昌泵站是珠江河口地区澳门、珠海供水系统的主力取水泵站，本章咸潮统计预报主要针对这两个取水断面开展。在对取水断面盐度过程进行预报的基础上，通过构建盐度与取水概率（或超标时数）之间的关系式，进一步对取水口盐度超标情况（盐度超过 0.5）进行预测。

3.1.2　潮周期咸潮预测模型的一般形式

潮周期盐度过程预测主要预测潮周期平均、最大及最小盐度，统计预测函数的一般形式如下：

$$S_t = a e^{bQt} + c \frac{H_{t+1} - H_{t-1}}{H_{\max}} + d_1 \omega_{t-1} S_{t-1} + d_2 \omega_{t-2} S_{t-2} + \cdots + \gamma \qquad (3.5)$$

式中，S_t 为盐度；γ 为风影响下的修正项。

通过分析日均盐度和日超标时数两者之间的关系，进一步可得到日盐度超标时数与日均盐度之间函数关系形式如下：

$$T_{未} = \varphi_1 e^{\varphi_2 S_t} + \varphi_3 \qquad (3.6a)$$

$$T = 24 - T_{未} \qquad (3.6b)$$

式中，$T_{未}$ 为日盐度未超标时数；T 为日盐度超标时数；φ_1，φ_2，φ_3 为待定系数。

3.1.3　半月或月周期咸潮统计预测模型的一般形式

考虑半月周期和月周期平均盐度过程预测，其函数的一般形式如下：

$$\overline{S}_t = a e^{b\overline{Q}_t} + c\overline{H}_t + d\overline{S}_{t-1} + \gamma \qquad (3.7)$$

式中，$\overline{S}_t$ 为半月或月平均盐度；$\overline{Q}_t$ 为半月或月平均流量；$\overline{H}_t$ 为半月或月平均最大潮差；$\overline{S}_{t-1}$ 为前一个半月或月平均盐度；a，b，c，d 为待定系数；γ 为风影响下的修正项。

半月或月取水概率定义为半月或月可取水的总小时数与半月或月总小时数之比。通过分析半月或月平均盐度与半月或月取水概率两者之间的关系，可进一步得到半月或月取水概率统计函数的一般形式具体如下：

$$p = ae^{b\bar{S}_i} + c \tag{3.8}$$

式中，p 为半月或月取水概率；a，b，c 为待定系数。

3.2　潮周期咸潮统计预测模型的构建

3.2.1　潮周期咸潮统计模型数据处理

潮周期盐度过程预测模型考虑预见期为 1 天或 3 天情形，针对日均盐度、日最大盐度、日最小盐度和日超标时数进行预测。采用 2007—2011 年枯水期平岗泵站和广昌站实测盐度、西江干流梧州站及北江干流石角站日均流量、三灶潮位数据对潮周期咸潮预测模型参数进行率定。考虑径流传播时间及西北江汇流作用，日均流量采用梧州前 2 日平均流量与石角前 1 日流量之和。采用磨刀门口外三灶站潮汐过程表征潮汐动力，由于磨刀门河口潮汐类型为不规则半日潮，因此日潮差取两涨两落中的大值。基于预测站点（平岗泵站和广昌站）逐时盐度过程处理，得到日均盐度、日最大盐度和日最小盐度，按盐度超过 0.5 为超标，统计每日超标时数。在构建潮周期咸潮预测模型时，分别考虑前一天和前三天盐度记忆效应预测方案，对其进行对比。

3.2.2　潮周期盐度过程预测模型的构建

3.2.2.1　考虑前一天盐度记忆效应预测方案

考虑前一天盐度记忆效应时，潮周期咸潮统计预测模型率定过程如下：

① 预见期为 1 天时：将第 1 天的实测日均（日最大、日最小）盐度值代入式（3.5）得到第 2 天的预测日均（日最大、日最小）盐度值，再将第 2 天的实测日均盐度值代入式（3.5）得到第 3 天的预测日均（日最大、日最小）盐度值，不断重复下去进行预测。

② 预见期为 3 天时：将第 1 天的实测日均（日最大、日最小）盐度值代入式（3.5）得到第 2 天的预测日均（日最大、日最小）盐度值，再将第 2 天的预测日均（日最大、日最小）盐度值代入式（3.5）得到第 3 天的预测日均（日最大、日最小）盐度值，再将第 3 天的预测日均（日最大、日最小）盐度值代入式（3.5）得到第 4 天的预测日均（日最大、日最小）盐度值，最后得到第 4 天的预测日均（日最大、日最小）盐度值，至此完成一个循环，不断重复下去进行预测。

日超标时数预测步骤如下：根据式（3.5）得到的日均盐度预测值，代入式（3.6），求得日超标时数预测值。

基于 2007—2011 年枯水期实测数据，采用最小二乘法率定得到的平岗泵站及广昌站潮周期盐度过程统计预报公式如式（3.9）及式（3.10）所示，不同年份盐度过程拟合图如图 3.2 至图 3.9 所示，从图中可以看出，考虑前一天盐度记忆效应的潮周期盐度预测效果较为合理，随着预见期的增加，盐度过程预报精度有所下降。

平岗泵站预报公式为

$$S_t = 4.49e^{-0.0014Q_t} + 0.71\frac{H_{t+1} - H_{t-1}}{H_{max}} + 0.77S_{t-1} - 0.02 \tag{3.9a}$$

$$S_t^{max} = 3.43e^{-0.00073Q_t} + 1.52\frac{H_{t+1} - H_{t-1}}{H_{max}} + 0.73S_{t-1}^{max} - 0.15 \tag{3.9b}$$

$$S_t^{min} = 9.46e^{-0.0023Q_t} + 0.32\frac{H_{t+1} - H_{t-1}}{H_{max}} + 0.71S_{t-1}^{min} + 0.01 \tag{3.9c}$$

广昌泵站预报公式为

$$S_t = 4.29e^{-0.00045Q_t} + 1.56\frac{H_{t+1} - H_{t-1}}{H_{max}} + 0.74S_{t-1} - 0.36 \tag{3.10a}$$

$$S_t^{max} = 6.68e^{-0.00029Q_t} + 3.28\frac{H_{t+1} - H_{t-1}}{H_{max}} + 0.67S_{t-1}^{max} - 0.75 \tag{3.10b}$$

$$S_t^{min} = 3.71e^{-0.00064Q_t} + 1.07\frac{H_{t+1} - H_{t-1}}{H_{max}} + 0.72S_{t-1}^{min} - 0.20 \tag{3.10c}$$

式中，S_t 为日均盐度预测值；S_{t-i} 为当前时间 t 向前推进 i 天的日均盐度；S_t^{max} 为日最大盐度预测值；S_{t-i}^{max} 为当前时间 t 向前推进 i 天的日最大盐度；S_t^{min} 为日最小盐度预测值；S_{t-1}^{min} 为当前时间 t 向前推进 i 天的日最小盐度。

3.2.2.2 考虑前三天盐度记忆效应预测方案

考虑前三天盐度记忆效应时，潮周期咸潮统计预测模型率定过程如下：

① 预见期为 1 天时：将第 1、第 2 和第 3 天的实测日均（日最大、日最小）盐度值代入式（3.5）得到第 4 天的预测日均（日最大、日最小）盐度值，再将第 2、第 3 和第 4 天的实测日均（日最大、日最小）盐度值代入式（3.5）得到第 5 天的预测日均（日最大、日最小）盐度值，不断重复下去进行预测。

② 预见期为 3 天时：将第 1、第 2 和第 3 天的实测日均（日最大、日最小）盐度值代入式（3.5）得到第 4 天的预测日均（日最大、日最小）盐度值，再将第 2、第 3 天的实测日均（日最大、日最小）盐度值和第 4 天的预测日均（日最大、日最小）盐度值代入式（3.5）得到第 5 天的预测日均（日最大、日最小）盐度值，最后将第 3 天的实测日均（日最大、日最小）盐度值和第 4、第 5 天的预测日均（日最大、日最小）盐度值代入式（3.5）得到第 6 天的预测日均（日最大、日最小）盐度值，最后得到第 6 天的预测日均（日最大、日最小）盐度值，至此完成一个循环，不断重复下去进行预测。

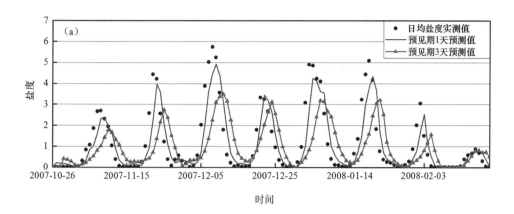

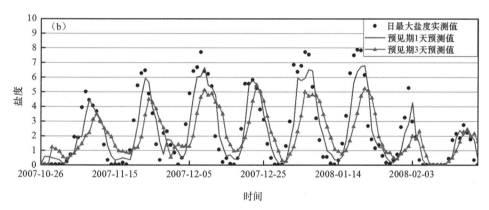

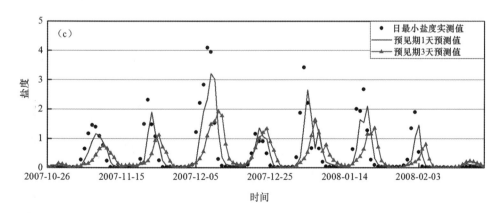

图 3.2　2007—2008 年枯水期平岗泵站记忆盐度考虑 1 天的盐度拟合

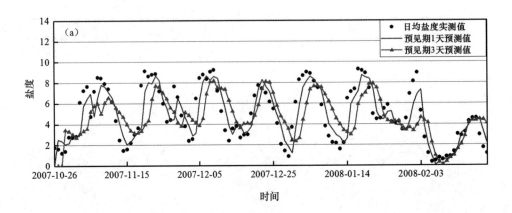

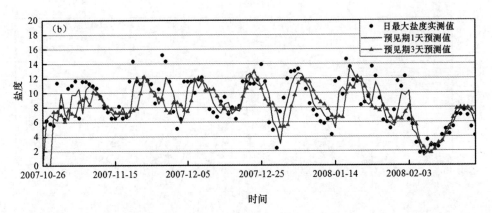

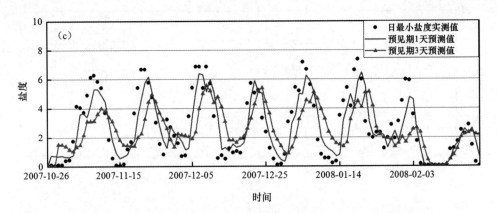

图 3.3 2007—2008 年枯水期广昌泵站记忆盐度考虑 1 天的盐度拟合

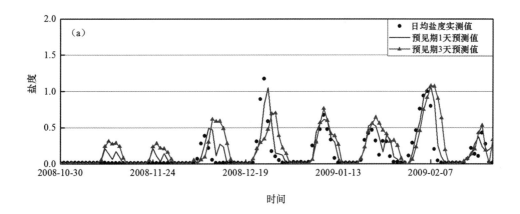

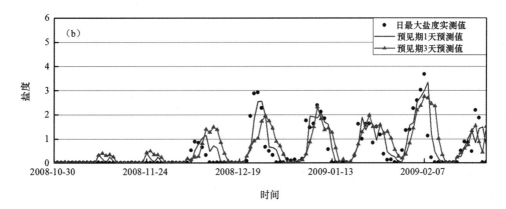

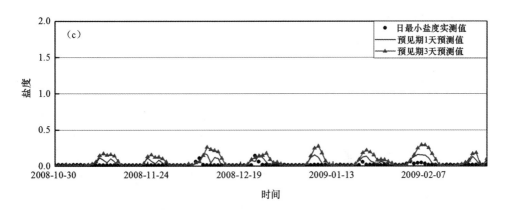

图 3.4　2008—2009 年枯水期平岗泵站记忆盐度考虑 1 天的盐度拟合

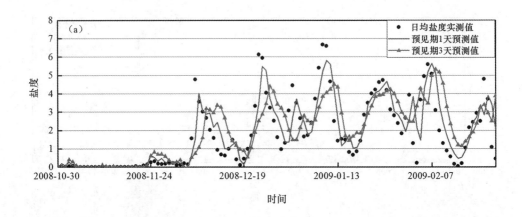

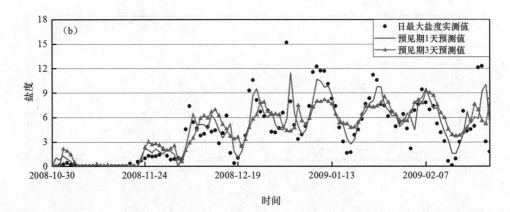

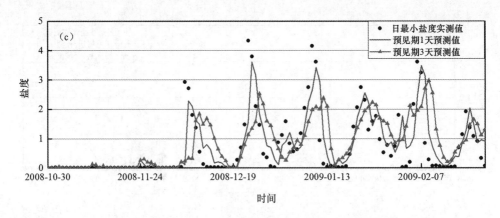

图 3.5   2008—2009 年枯水期广昌泵站记忆盐度考虑 1 天的盐度拟合

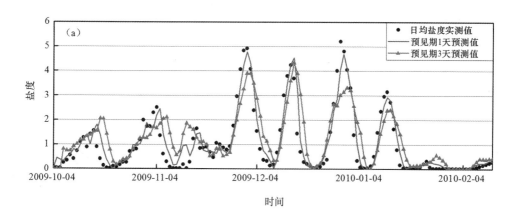

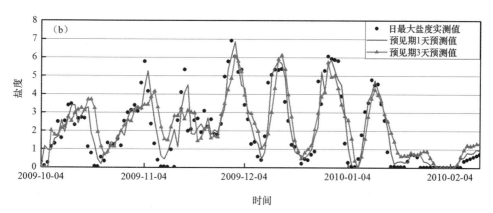

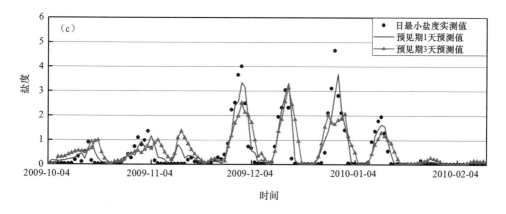

图 3.6　2009—2010 年枯水期平岗泵站记忆盐度考虑 1 天的盐度拟合

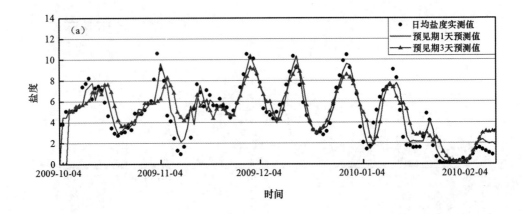

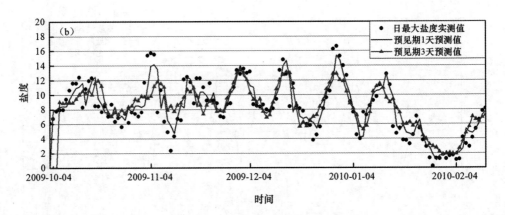

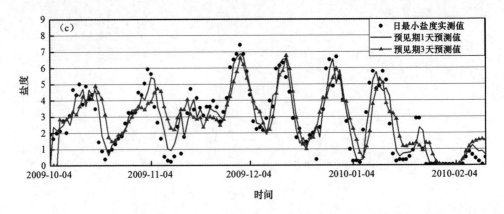

图 3.7　2009—2010 年枯水期广昌泵站记忆盐度考虑 1 天的盐度拟合

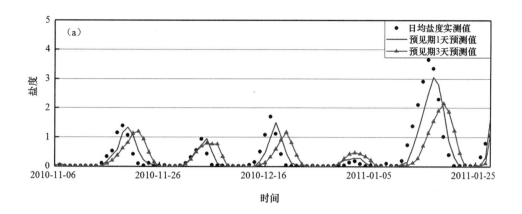

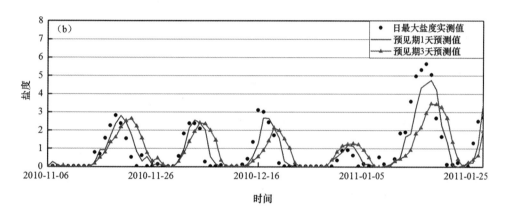

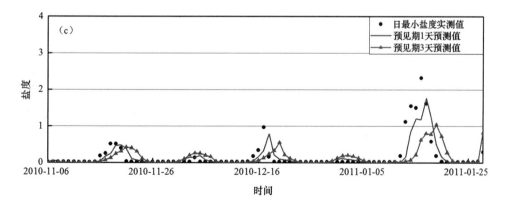

图 3.8　2010—2011 年枯水期平岗泵站记忆盐度考虑 1 天的盐度拟合

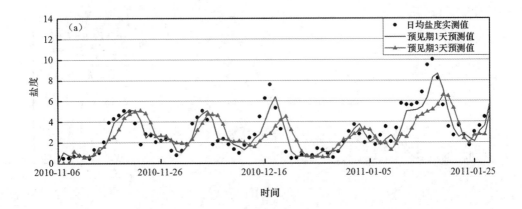

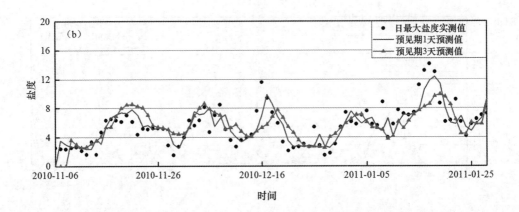

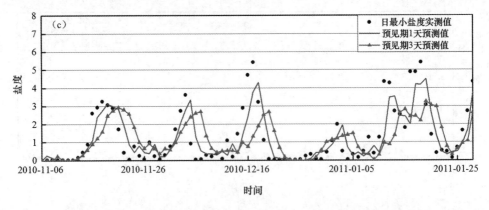

图 3.9　2010—2011 年枯水期广昌泵站记忆盐度考虑 1 天的盐度拟合

基于 2007—2011 年枯水期实测数据，采用最小二乘法率定得到的平岗泵站及广昌泵站潮周期盐度过程统计预报公式，如式（3.11）及式（3.12）所示，不同年份盐度过程拟合图，如图 3.10 至图 3.17 所示，从图中可以看出，考虑前三天盐度记忆效应的潮周期盐度预测效果较好，随着预见期的增加，盐度过程预报精度有所下降。

平岗泵站预报公式为

$$S_t = 1.28\mathrm{e}^{-0.000\,85Q_t} + 0.31\frac{H_{t+1} - H_{t-1}}{H_{\max}} + 2.36\omega_{t-1}S_{t-1} - 3.85\omega_{t-2}S_{t-2} + 1.84\omega_{t-3}S_{t-3} - 0.01$$

$$(3.11a)$$

$$S_t^{\max} = 2.48\mathrm{e}^{-0.000\,55Q_t} + 0.94\frac{H_{t+1} - H_{t-1}}{H_{\max}} + 1.55\omega_{t-1}S_{t-1}^{\max} - 0.53\omega_{t-2}S_{t-2}^{\max} - 2.33\omega_{t-3}S_{t-3}^{\max} - 0.13$$

$$(3.11b)$$

$$S_t^{\min} = 6.09\mathrm{e}^{-0.002\,1Q_t} + 0.29\frac{H_{t+1} - H_{t-1}}{H_{\max}} + 1.57\omega_{t-1}S_{t-1}^{\min} - 1.49\omega_{t-2}S_{t-2}^{\min} - 0.19\omega_{t-3}S_{t-3}^{\min} - 0.03$$

$$(3.11c)$$

广昌泵站预报公式为

$$S_t = 3.80\mathrm{e}^{-0.000\,41Q_t} + 1.28\frac{H_{t+1} - H_{t-1}}{H_{\max}} + 1.73\omega_{t-1}S_{t-1} - 1.77\omega_{t-2}S_{t-2} + 0.07\omega_{t-3}S_{t-3} - 0.26$$

$$(3.12a)$$

$$S_t^{\max} = 6.83\mathrm{e}^{-0.000\,29Q_t} + 3.13\frac{H_{t+1} - H_{t-1}}{H_{\max}} + 1.15\omega_{t-1}S_{t-1}^{\max} - 0.46\omega_{t-2}S_{t-2}^{\max} - 0.03\omega_{t-3}S_{t-3}^{\max} - 0.73$$

$$(3.12b)$$

$$S_t^{\min} = 3.44\mathrm{e}^{-0.000\,56Q_t} + 1.03\frac{H_{t+1} - H_{t-1}}{H_{\max}} + 1.51\omega_{t-1}S_{t-1}^{\min} - 1.03\omega_{t-2}S_{t-2}^{\min} - 1.05\omega_{t-3}S_{t-3}^{\min} - 0.15$$

$$(3.12c)$$

3.2.2.3　不同预测方案对比

为分析盐度记忆天数对预测结果的影响，以 2007—2008 年枯水期数据为例进行代表分析，图 3.18 至图 3.19 为预见期为 1 天情况下的对比图，从中可以看出，考虑前三天盐度记忆效应的预测值更加接近实测值，特别是对于平岗泵站，考虑前三天盐度记忆效应下的盐度峰值预报精度要更高。因此在业务预报中，从提高咸潮预报精度考虑，推荐采用式（3.11）及式（3.12）进行预报。

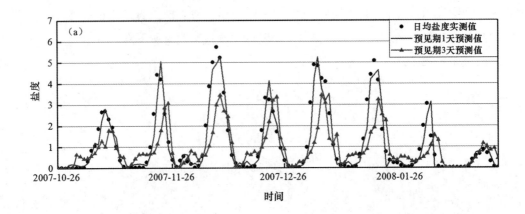

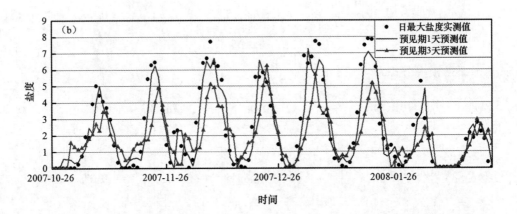

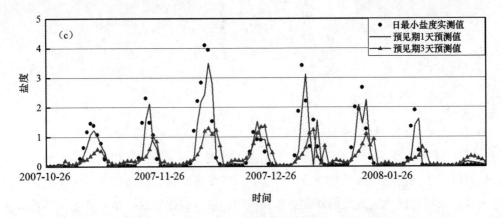

图 3.10　2007—2008 年枯水期平岗泵站记忆盐度考虑 3 天的盐度拟合

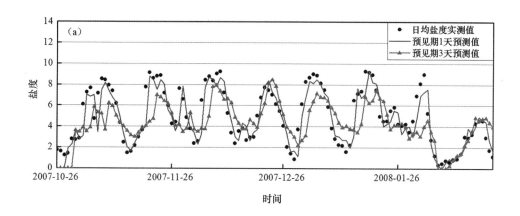

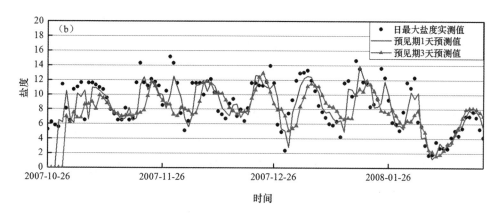

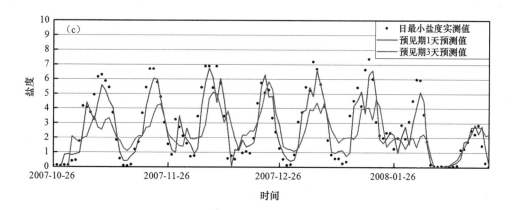

图 3.11　2007—2008 年枯水期广昌泵站记忆盐度考虑 3 天的盐度拟合

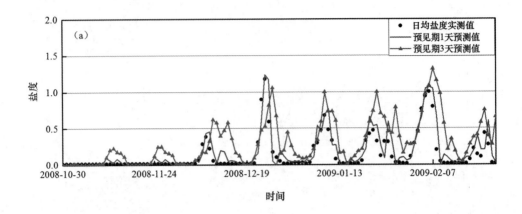

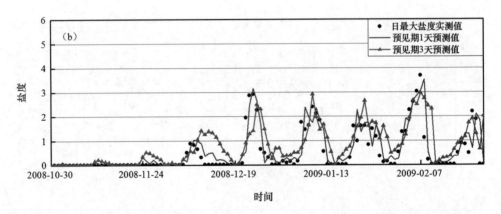

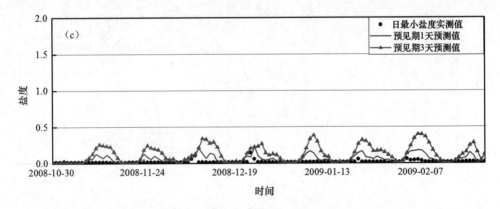

图 3.12　2008—2009 年枯水期平岗泵站记忆盐度考虑 3 天的盐度拟合

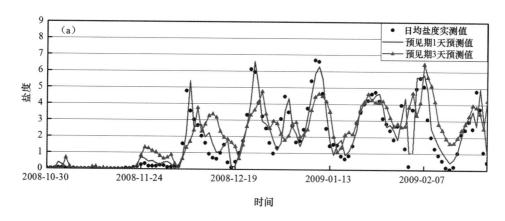

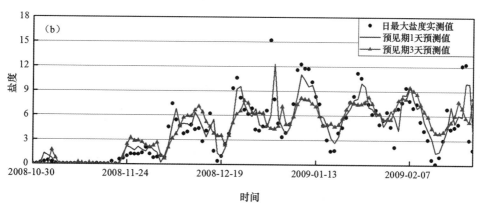

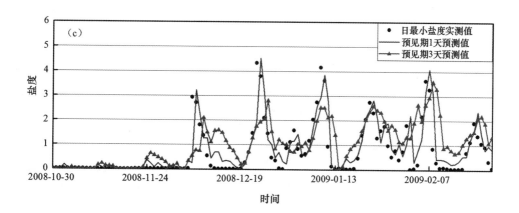

图 3.13　2008—2009 年枯水期广昌泵站记忆盐度考虑 3 天的盐度拟合

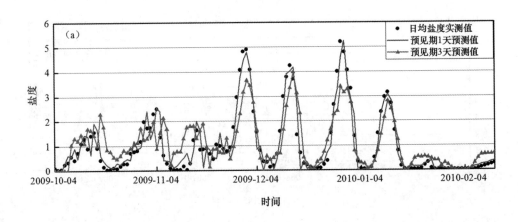

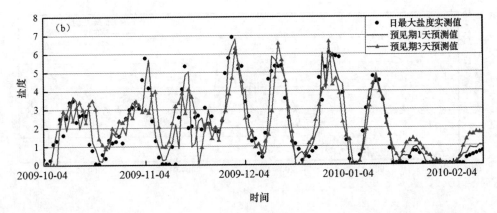

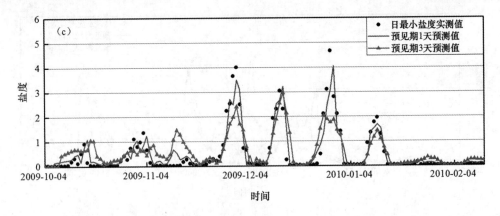

图 3.14　2009—2010 年枯水期平岗泵站记忆盐度考虑 3 天的盐度拟合

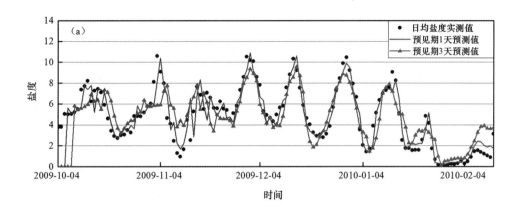

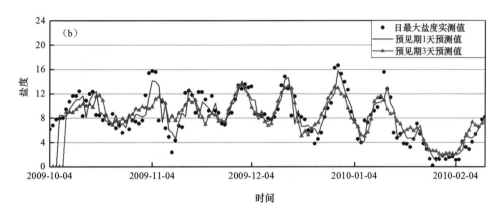

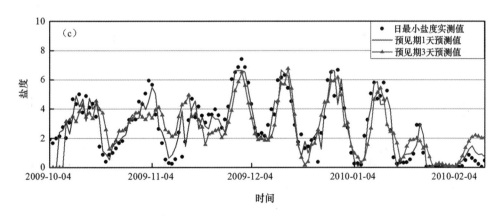

图 3.15　2009—2010 年枯水期广昌泵站记忆盐度考虑 3 天的盐度拟合

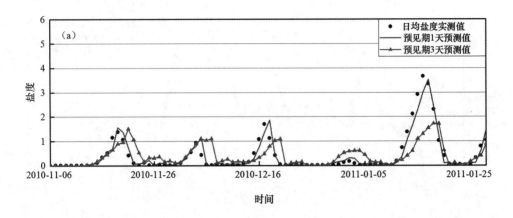

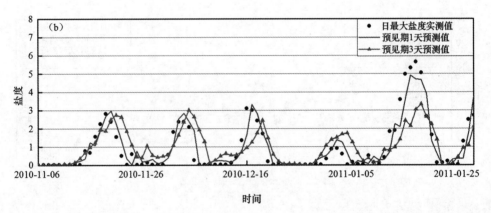

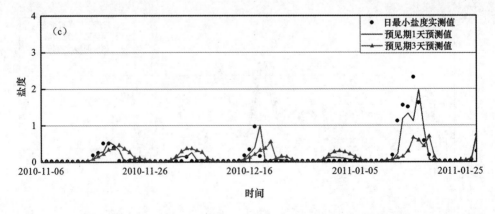

图 3.16　2010—2011 年枯水期平岗泵站记忆盐度考虑 3 天的盐度拟合

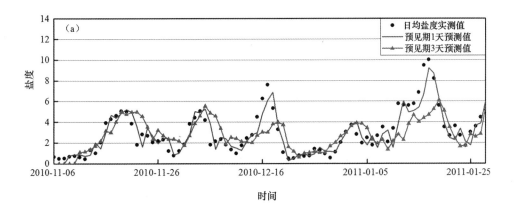

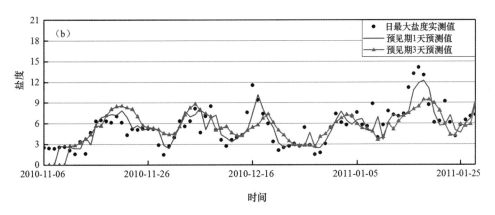

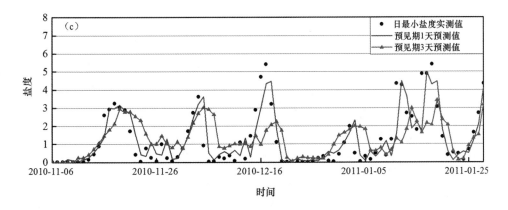

图 3.17　2010—2011 年枯水期广昌泵站记忆盐度考虑 3 天的盐度拟合

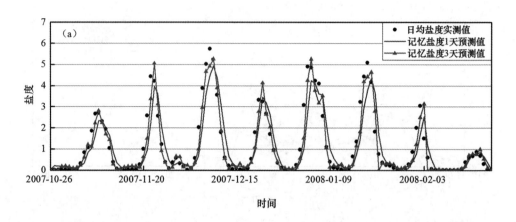

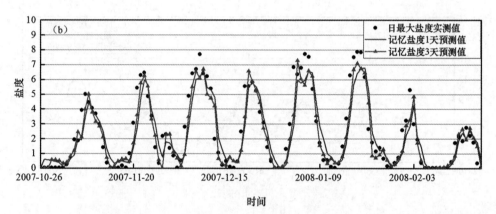

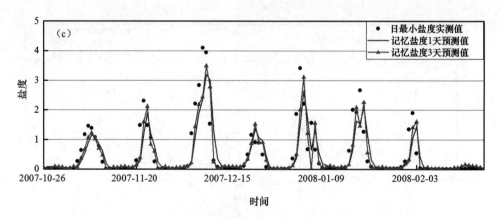

图 3.18　2007—2008 年枯水期平岗泵站预见期为 1 天的实测和预测盐度对比

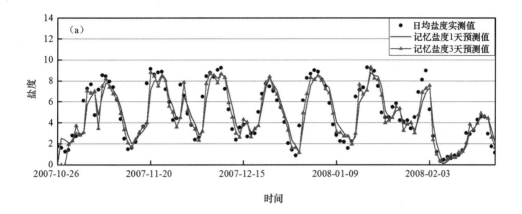

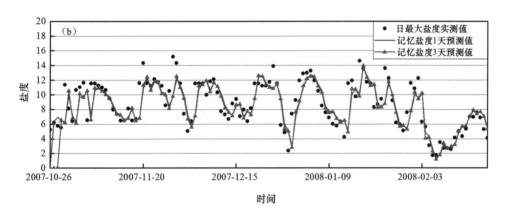

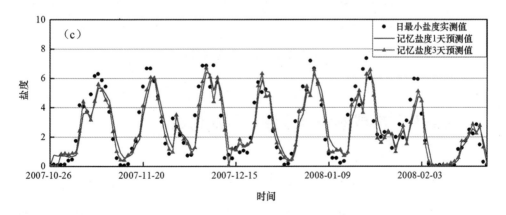

图 3.19　2007—2008 年枯水期广昌泵站预见期为 1 天的实测和预测盐度对比

3.2.3 日超标时数预测

基于2007—2011年枯水期实测盐度及日超标时数数据，采用最小二乘法率定得到的平岗泵站及广昌泵站盐度日超标时数统计模型，如式（3.13）及式（3.14）所示。实测日未超标时间和实测日均盐度的拟合情况如图3.20所示，从图中可以看出，日未超标时间和日均盐度的相关关系较好，其中平岗泵站和广昌泵站的决定系数 R^2 分别达 0.955 8 和 0.893 2，表明式（3.13）及式（3.14）具有较高的模拟精度。

平岗泵站统计模型计算公式为

$$T_{未} = 25.06e^{-1.18S_t} \tag{3.13a}$$

$$T = 24 - T_{未} \tag{3.13b}$$

广昌泵站统计模型计算公式为

$$T_{未} = 25.13e^{-1.06S_t} \tag{3.14a}$$

$$T = 24 - T_{未} \tag{3.14b}$$

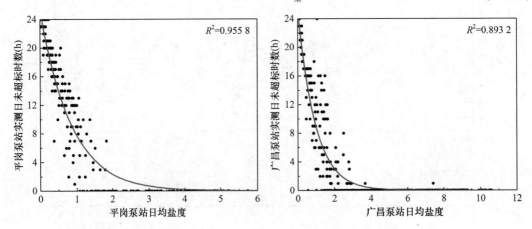

图 3.20　2007—2011年枯水期实测日未超标时间和实测日均盐度的拟合

3.3　半月或月周期咸潮统计预测模型的构建

3.3.1　半月或月周期咸潮统计模型数据处理

半月或月周期咸潮统计预测模型主要针对半月或月平均盐度和半月或月取水概率进行预测。与潮周期咸潮统计模型一致，半月或月周期咸潮统计预测亦采用2007—2011年枯水期平岗泵站和广昌泵站实测盐度、西江干流梧州站及北江干流石角站日均流量、三灶潮位数据对模型参数进行率定。半月或月的划分按农历日期划分，半月或月均流量为梧州半月或月平均流量与石角半月或月流量之和。三灶泵站平均潮差为半月或月平均潮差。半月或月均盐度根据逐时盐度过程统计获得，按盐度低于 0.5 为达标统计获得半月或月取水概率。

3.3.2　半月周期咸潮预测模型的构建

3.3.2.1　半月周期盐度过程预测模型的构建

基于 2007—2011 年枯水期实测半月平均盐度、流量及潮差数据，采用最小二乘法对式（3.7）中的待定系数进行率定，得到的平岗泵站及广昌泵站半月平均盐度过程统计预报公式如式（3.15）及式（3.16）所示，半月平均盐度过程拟合图如图 3.21 所示，从图中可以看出，半月平均盐度预测结果较为合理，平岗泵站和广昌泵站的决定系数 R^2 分别是 0.715 5 和 0.774 7，拟合情况较好。

平岗泵站预报公式为

$$\bar{S}_t = 4.84 e^{-0.000\,74\bar{Q}} - 0.34\bar{H} + 0.41\bar{S}_{t-1} + 0.25 \tag{3.15}$$

广昌泵站预报公式为

$$\bar{S}_t = 12.39 e^{-0.000\,68\bar{Q}} - 0.40\bar{H} + 0.48\bar{S}_{t-1} + 0.21 \tag{3.16}$$

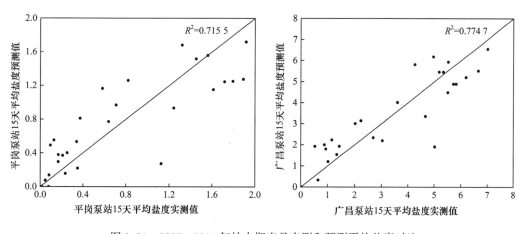

图 3.21　2007—2011 年枯水期半月实测和预测平均盐度对比

3.3.2.2　半月取水概率预测模型的构建

进一步基于 2007—2011 年枯水期实测半月平均盐度及取水概率数据，采用最小二乘法对式（3.8）中的待定系数进行率定，得到的平岗泵站和广昌泵站半月取水概率预测式分别如式（3.17）和式（3.18）所示。实测半月平均盐度和实测半月的取水概率的拟合情况如图 3.22 所示，从中可以看出，两者的相关关系较好，平岗泵站和广昌泵站的决定系数 R^2 分别是 0.936 1 和 0.889 7，拟合情况较好。

平岗泵站取水概率预测公式为

$$p = 0.66e^{-1.46\bar{S}_t} + 0.37 \quad\quad (3.17)$$

广昌泵站取水概率预测公式为

$$p = 0.94e^{-1.37\bar{S}_t} + 0.03 \qu\quad (3.18)$$

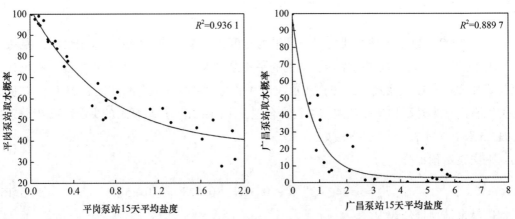

图 3.22　2007—2011 年枯水期半月平均盐度和取水概率拟合

3.3.3　月周期咸潮预测模型的构建

3.3.3.1　月周期盐度过程预测模型的构建

基于 2007—2011 年枯水期实测月平均盐度、流量及潮差数据，采用最小二乘法对式（3.7）中的待定系数进行率定，得到的平岗泵站及广昌泵站月平均盐度过程统计预报公式如式（3.19）及式（3.20）所示，月平均盐度过程拟合图如图 3.23 所示，从图中可以看出，半月平均盐度预测结果较为合理，平岗泵站和广昌泵站的决定系数 R^2 分别是 0.923 3 和 0.846 5，拟合情况较好。

平岗泵站预报公式为

$$\bar{S}_t = -40.86e^{0.000\,018\bar{Q}} + 0.98\bar{H} + 0.23\bar{S}_{t-1} + 41.98 \quad\quad (3.19)$$

广昌泵站预报公式为

$$\bar{S}_t = -18.59e^{0.000\,087\bar{Q}} + 4.85\bar{H} + 0.28\bar{S}_{t-1} + 18.21 \quad\quad (3.20)$$

3.3.3.2　月取水概率预测模型的构建

进一步基于 2007—2011 年枯水期实测月平均盐度及取水概率数据，采用最小二乘法对式（3.8）中的待定系数进行率定，得到的平岗泵站和广昌泵站月取水概率预测公式分

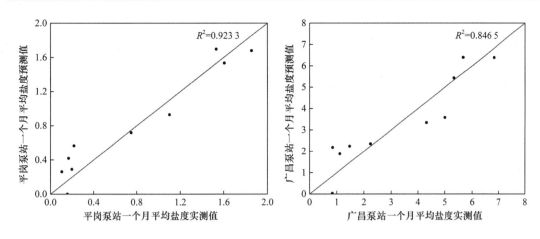

图 3.23　2007—2011 年枯水期月平均盐度对比

别如式（3.17）和式（3.18）所示。实测月平均盐度和实测月取水概率的拟合情况如图 3.24 所示，从中可以看出，两者的相关关系较好，平岗泵站和广昌泵站的决定系数 R^2 分别是 0.961 6 和 0.909 6，拟合情况较好。

平岗泵站取水概率预测公式为

$$p = 0.73\mathrm{e}^{-0.95\bar{S_t}} + 0.27 \tag{3.21}$$

广昌泵站取水概率预测公式为

$$p = 0.95\mathrm{e}^{-1.25\bar{S_t}} + 0.02 \tag{3.22}$$

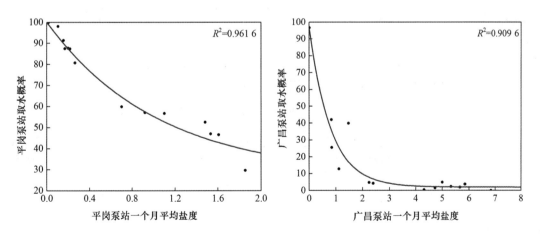

图 3.24　2007—2011 年枯水期月平均盐度和取水概率拟合

3.4　咸潮统计预测模型应用

根据 3.2 节所构建的潮周期咸潮统计预报模型及 3.3 节所构建的半月和月周期咸潮统计预报模型，采用 2011—2013 年枯水期实测数据对磨刀门河口咸潮进行预测，以此检验咸潮统计预报模型的实用性。

3.4.1　潮周期咸潮预测模型应用

3.4.1.1　潮周期盐度过程预测模型应用

2011—2013 年枯水期潮周期盐度过程预测结果见图 3.25 至图 3.28，由图可知，当预见期为 1 天时，日均盐度、日最大盐度和日最小盐度的预测情况较好，与实测值略有偏差，而预见期为 3 天时，日均盐度、日最大盐度和日最小盐度的预测值较实测值有一定的误差，但盐度过程变化趋势与实测值基本一致。

3.4.1.2　日超标时数预测模型应用

2011—2013 年枯水期日超标时数预测结果见图 3.29 至图 3.30，由图可知，预见期为 1 天的平岗泵站与广昌泵站的实测与预测的日超标时数对比图。由图可知，2011—2012 年枯水期平岗泵站与广昌泵站日超标时数实测值与预测值的决定系数 R^2 均在 0.85 以上，相关关系较好，预测结果比较准确。2012—2013 年枯水期平岗泵站与广昌泵站日超标时数实测值与预测值的决定系数 R^2 分别为 0.772 1 与 0.607 6。总体来看，日超标时数的预测精度较为合理。

为进一步分析 2011—2013 年枯水期的日超标时数预测误差，表 3.1 分别给出了 2011—2012 年、2012—2013 年枯水期平岗泵站与广昌泵站的日超标时数的平均预测误差，从中可以看出，平均预测误差在 3.7 h 以内，说明日超标时数的预测较为准确。

表 3.1　预见期为 1 天日超标时数的平均误差　　（单位：h）

站点	2011—2012 年	2012—2013 年
平岗	2.7	1.8
广昌	1.1	3.7

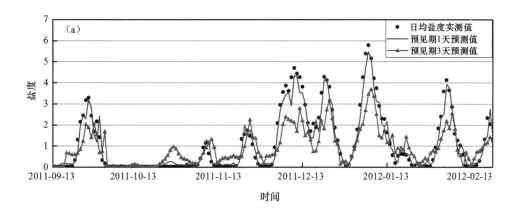

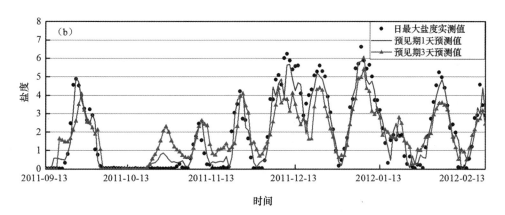

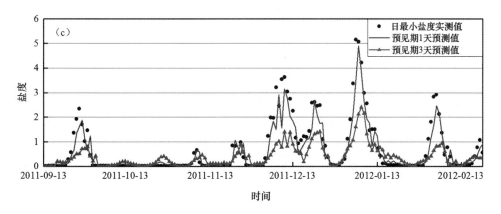

图 3.25　2011—2012 年枯水期平岗泵站实测和预测盐度对比

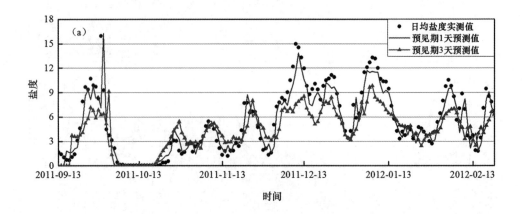

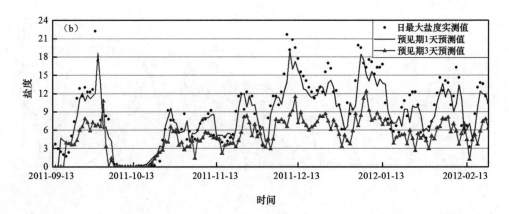

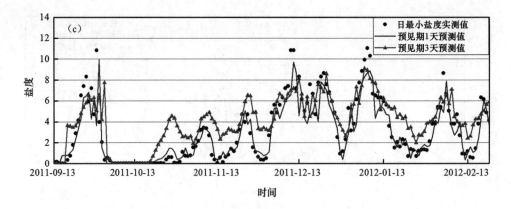

图 3.26　2011—2012 年枯水期广昌泵站实测和预测盐度对比

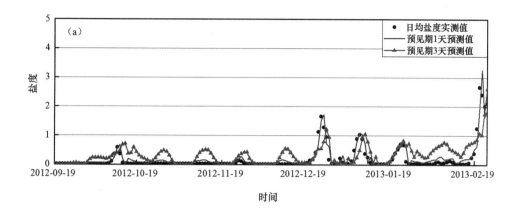

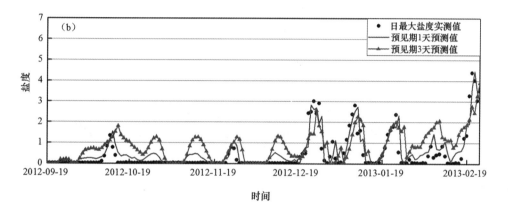

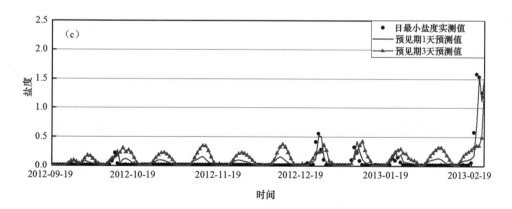

图 3.27　2012—2013 年枯水期平岗泵站实测和预测盐度对比

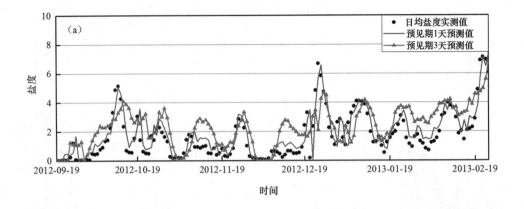

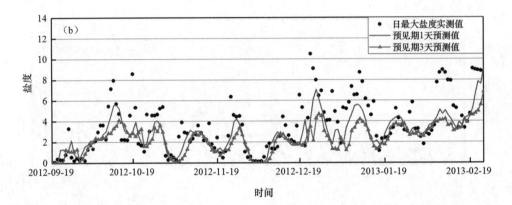

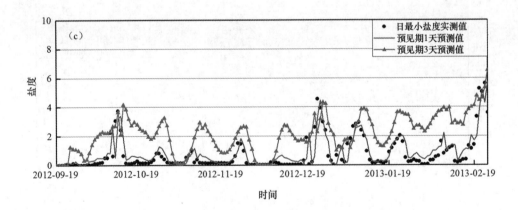

图 3.28　2012—2013 年枯水期广昌泵站实测和预测盐度对比

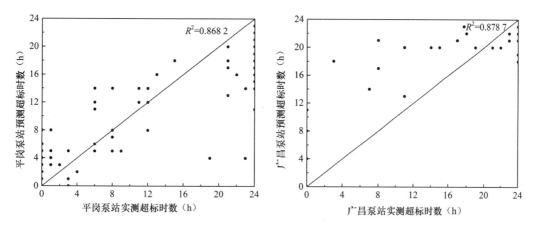

图 3.29　2011—2012 年预见期为 1 天的实测和预测日超标时间对比

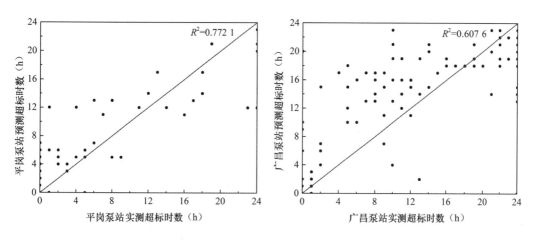

图 3.30　2012—2013 年预见期为 1 天的实测和预测日超标时间对比

3.4.2　半月和月周期咸潮预测模型应用

3.4.2.1　半月和月周期预测模型应用

2011—2013 年枯水期半月和月平均盐度过程预测结果见图 3.31 至图 3.32，对于半月平均盐度预测，平岗泵站和广昌泵站的决定系数 R^2 分别为 0.747 3 和 0.772 9；对于月平均盐度预测，平岗泵站和广昌泵站的决定系数 R^2 分别为 0.749 9 和 0.872 9，相关关系都较好，预测结果均较为准确。

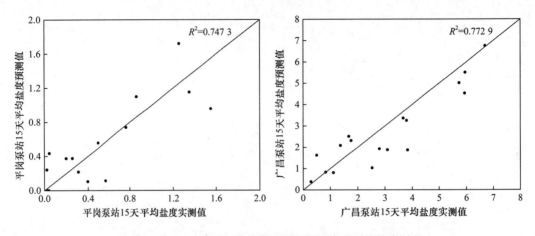

图 3.31　2011—2013 年枯水期实测和预测半月平均盐度对比

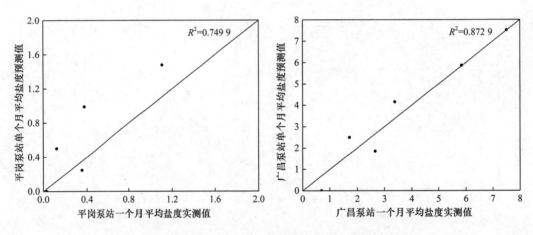

图 3.32　2011—2013 年枯水期实测和预测月平均盐度对比

3.4.2.2　半月和月周期取水概率预测

表 3.2 和表 3.3 分别是 2011—2012 年、2012—2013 年枯水期平岗泵站与广昌站半月取水概率的实测值和预测值的比较结果，分析可知，取水概率误差大部分在 20% 以内。2011—2012 年枯水期，平岗泵站与广昌泵站半月取水概率平均误差分别为 10% 与 13%，2012—2013 年枯水期，平岗泵站与广昌泵站半月取水概率平均误差分别为 10% 与 11%。表明本章所构建的半月周期取水概率预测函数基本上能够准确预测取水概率。

表 3.2　2011—2012 年 15 天取水概率的预测值和实测值比较　　　　　（%）

时间	平岗泵站取水概率			广昌泵站取水概率		
	实测值	预测值	误差	实测值	预测值	误差
农历九月初一至九月十五	76	93	17	50	10	40
农历九月十六至九月卅十	100	100	0	85	13	72
农历十月初一至十月十五	76	75	1	6	10	4
农历十月十六至十月廿九	70	66	4	4	4	0
农历冬月初一至冬月十五	54	53	1	1	3	2
农历冬月十六至冬月卅十	0	42	42	0	3	3
农历腊月初一至腊月十五	19	39	20	0	3	3
农历腊月十六至腊月廿九	38	42	4	0	3	3
农历正月初一至正月十五	49	49	0	0	3	3
农历正月十六至正月卅十	42	50	8	0	3	3
平均	—	—	10	—	—	13

表 3.3　2012—2013 年 15 天取水概率的预测值和实测值比较　　　　　（%）

时间	平岗泵站取水概率			广昌泵站取水概率		
	实测值	预测值	误差	实测值	预测值	误差
农历九月初一至九月十五	100	83	17	25	8	17
农历九月十六至九月卅十	100	100	0	52	33	19
农历十月初一至十月十五	99	100	1	49	34	15
农历十月十六至十月廿九	100	100	0	81	58	23
农历冬月初一至冬月十五	73	94	21	25	25	0
农历冬月十六至冬月卅十	77	85	8	4	10	6
农历腊月初一至腊月十五	86	75	11	15	6	9
农历腊月十六至腊月廿九	99	70	29	16	7	9
农历正月初一至正月十五	61	59	2	3	4	1
平均	—	—	10	—	—	11

　　表 3.4 和表 3.5 分别是 2011—2012 年、2012—2013 年枯水期平岗泵站与广昌站月取水概率的实测值和预测值的比较结果，分析可知，除广昌站 2012 年农历 10 月取水概率误差达 32%外，其余月份平岗与广昌站月取水概率预测误差均在 17%以内。2011—2012 年

枯水期平岗与广昌站月取水概率平均误差分别为 10% 与 2%，2012—2013 年枯水期平岗与广昌站月取水概率平均误差分别为 2% 与 15%。表明本章所构建的月周期取水概率预测函数基本上能够准确预测取水概率。

表 3.4 2011—2012 年单月取水概率的预测值和实测值比较 （%）

时间	平岗泵站取水概率			广昌泵站取水概率		
	实测值	预测值	误差	实测值	预测值	误差
农历十月	73	56	17	5	3	2
农历冬月	27	42	15	1	2	1
农历腊月	29	37	8	0	2	2
农历正月	46	45	1	0	2	2
农历平均	—		10	—		2

表 3.5 2012—2013 年单月取水概率的预测值和实测值比较 （%）

时间	平岗泵站取水概率			广昌泵站取水概率		
	实测值	预测值	误差	实测值	预测值	误差
农历十月	99	98	1	65	97	32
农历冬月	75	79	4	14	11	3
农历腊月	92	92	0	15	6	9
农历平均	—	—	2	—	—	15

第4章 河口咸潮上溯数值模型的构建与验证

利用数值模型研究河口地区相关科学问题,可以很好地与实测资料相互补充,降低研究成本,同时可更加全面和系统地反映河口现象,揭示河口过程和规律。目前数值模拟方法已经成为研究咸潮上溯的主要研究方法之一,该方法直接从盐分物质输运方程出发,结合水动力的变化,可直观地展现出河口盐度的时空变化过程。考虑到河口、海岸地区岸线、地形极不规则,研究区域难以精确刻画,本研究基于 SCHISM[77](Semi-implicit Cross-scale Hydroscience Integrated System Model)模型构建磨刀门水道三维高精度咸潮上溯数学模型,该模型采用非结构网格,垂向采用 SZ 混合坐标系,以实现研究区域范围与计算网格边界的贴体,同时精确反映河口、海岸地区复杂的水下地形形态特征,且在网格数量上达到优化。采用枯季典型水文组合对模型进行率定及验证,为后续深入分析磨刀门水道咸潮上溯过程提供基础。

4.1 基于 SCHISM 模式的咸潮上溯数学模型

SCHISM 是基于 SELFE[78] 开发出的一个跨尺度湖泊-河流-河口-海洋数值模型,该模型在 SELFE 并行版的基础开发,在水动力模型基础上耦合了波浪、生态、水质、风暴潮等模块,已经广泛用于全球的水动力相关问题的研究与预报,如哥伦比亚河(Columbia River)、旧金山湾和三角洲(San Francisco Bay and Delta)、北海和波罗海(North and Baltic Seas)等。

4.1.1 基础理论

4.1.1.1 控制方程

SCHISM 模式的水动力控制方程基于静压假定和 Boussinesq 近似,笛卡尔坐标系下的控制方程表达式如下。

动量方程为

$$\frac{\mathrm{d}u}{\mathrm{d}t} = \frac{\partial}{\partial z}\left(\nu\,\frac{\partial u}{\partial z}\right) - g\,\nabla\eta + F \tag{4.1}$$

$$F = f(v,\ -u) - \frac{g}{\rho_0}\int_z^\eta \nabla\rho\mathrm{d}\zeta - \frac{\nabla p_A}{\rho_0} + \alpha g\,\nabla\Psi + F_m \tag{4.2}$$

垂向积分连续方程为

$$\nabla \cdot u + \frac{\partial w}{\partial z} = 0 \tag{4.3}$$

深度积分连续方程为

$$\frac{\partial \eta}{\partial t} + \nabla \cdot \int_{-h}^{\eta} u \mathrm{d}z = 0 \tag{4.4}$$

物质输运方程为

$$\frac{\partial C}{\partial t} + \nabla \cdot (uC) = \frac{\partial}{\partial z}\left(\kappa \frac{\partial C}{\partial z}\right) + F_h \tag{4.5}$$

在式（4.1）至式（4.5）中，∇代表$\left(\frac{\partial}{\partial x}, \frac{\partial}{\partial y}\right)$；$\mathrm{d}/\mathrm{d}t$代表随体导数；$x$，$y$代表水平笛卡尔坐标（m）；$z$代表垂向坐标（m），以向上为正；$t$代表时间（s）；$\eta(x, y, t)$代表自由表面水位（m）；$h(x, y)$代表水深（m）；$u(x, y, t)$代表水平流速（m/s），笛卡尔坐标分量（$u, v$）；$w$代表垂向流速（m/s）；$F$代表动量方程中其他作用力项（斜压梯度力，水平黏性，科氏力，地球潮汐势，大气压力，辐射应力）；p_A代表自由水面大气压强（Pa）；ρ代表水的密度（kg/m³）；ρ_0代表参考水体密度，默认值为 1 025 kg/m³；g代表重力加速度（m/s）；C代表盐度或温度（℃）；ν代表垂向涡动黏性系数（m²/s）；κ代表垂向涡动扩散系数（m²/s）；F_m代表水平黏性（m²/s）；F_h代表水平扩散和物质源或汇项（m²/s）。

需要注意的是，式（4.1）至式（4.4）构成的原始方程组尚未封闭，必须另外引入海水状态方程、合适的初始条件和边界条件、科氏力和潮汐势的定义及特定的湍流闭合模型后，方可对主要物理量（η、u、v、w、C）进行求解。

4.1.1.2　海水状态方程

在进行磨刀门河口咸潮上溯数值模拟时，需要考虑斜压效应，因此海水状态方程需要考虑温度（T）、盐度（s）和静水压力（p）对海水密度（ρ）的影响，水体密度的计算一般采用 Millero 和 Poisson 给出的如下国际标准公式：

$$\rho(s, T, p) = \frac{\rho(s, T, 0)}{[1 - 10^5 p/K(s, T, p)]} \tag{4.6}$$

式中，$\rho(s, T, 0)$为一个标准大气压下的海水密度（kg/m³）；$K(s, T, p)$为割线体积弹性模数（secant bulk modulus）。水压（bars）符合静压假定，即

$$\rho = 10^{-5} g \int_z^{H_R+\eta} \rho(s, T, p) \mathrm{d}z \tag{4.7}$$

4.1.1.3　初始及边界条件

式（4.1）至式（4.5）需要给定初始条件和边界条件方能求解，初始条件是指 $t = 0$

时刻指定的状态变量（η，u，S），在缺少实测数据的条件下，可对初始条件进行假定，随着计算的进行，初始条件的误差会逐渐消失。

对于水体表面边界，SCHISM 模式强调水体内部雷诺应力和外部施加的剪切应力相平衡，即

$$v\frac{\partial u}{\partial z} = \tau_w, \ z = \eta \tag{4.8}$$

式中，剪切应力 τ_w 可以采用 Zcng[39] 等的方法或 Pond 和 Pickard[80] 提出的更简单的方法进行参数化。

对于底部边界，SCHISM 模型采用底边界上的内部雷诺应力和底部摩擦应力平衡来代替海洋或者河流底部的无滑移条件（$u = w = 0$），即

$$\nu\frac{\partial u}{\partial z} = \tau_b, \ z = -h \tag{4.9}$$

底部应力 τ_b 的具体形式取决于边界层的类型，其通用形式为

$$\tau_b = C_D \mid u_b \mid u_b \tag{4.10}$$

在底边界层内的流速剖面遵循对数法则，以保证与边界层顶部之外流速平滑过渡。

$$u = \frac{\ln[(z+h)/z_0]}{\ln(\delta_b/z_0)} u_b, \ (z_0 - h \leqslant z \leqslant \delta_b - h) \tag{4.11}$$

式中，δ_b 为底部计算单元厚度；z_0 是指底部粗糙度；u_b 是指底部计算单元顶部的流速值。因此，边界层雷诺应力进一步表示为

$$\nu\frac{\partial u}{\partial z} = \frac{\nu}{(z+h)\ln(\delta_b/z_0)} u_b \tag{4.12}$$

结合湍流闭合理论进一步分析发现，边界层内雷诺应力保持不变。

$$\frac{\partial u}{\partial z} = \frac{\kappa_0}{\ln(\delta_b/z_0)} C_D^{1/2} \mid u_b \mid u_b, \ (z_0 - h \leqslant z \leqslant \delta_b - h) \tag{4.13}$$

从式（4.9）、式（4.10）和式（4.13）计算得到阻力系数

$$C_D = \left(\frac{1}{\kappa_0}\ln\frac{\delta_b}{z_0}\right)^{-2} \tag{4.14}$$

该式与 Blumberg 和 Mellor[81] 年提出的阻力公式一致。

4.1.1.4 科氏力和潮汐势

在地表运动的流体受到科氏力的影响，f 是纬度 φ 的函数。

$$f(\varphi) = 2\Omega\sin\varphi \tag{4.15}$$

式中，Ω 表示地球自转角速度，$\Omega = 7.29 \times 10^{-5} \mathrm{rad/s}$。为统一坐标，在模型中采用 β 平面近似，即

$$f = f_C + \beta_C(y - y_C) \tag{4.16}$$

C 为计算域中间纬度，β 为当地科氏力局部导数。潮汐势计算公式为

$$\psi(\varphi,\ \lambda,\ t) = \sum_{n,\ j} C_{jn} f_{jn}(t_0)\, L_j(\varphi)\cos\left(\frac{2\pi(t - t_0)}{T_{jn}} + j\lambda + \nu_{jn}(t_0)\right) \quad (4.17)$$

式中，C_{jn} 为常数，描述 j 类型 n 分潮的振幅（m）；t_0 为参考时刻；$f_{jn}(t_0)$ 为交点因子；$\nu_{jn}(t_0)$ 为天文初相角（r）；$L_j(\varphi)$ 为特性常数，$L_0 = \sin^2\varphi$，$L_1 = \sin(2\varphi)$，$L_2 = \cos^2\varphi$；$T_{jn}(s)$ 为 j 类型 n 分潮的周期。

4.1.1.5 湍流闭合

SCHISM 采用了 Umlauf 等[82] 提出的通用长度尺度（Generic Length–scale，GLS）模型，该模型具有包含了最常用的 2.5 阶闭合模型（$k-\varepsilon$、$k-\omega$、Meller–Yamada 2.0）的优点。在这个模式中，湍流动能（K）和通用长度尺度变化量（ψ）的输送、产生及耗散由以下两个方程控制。

$$\frac{\mathrm{d}K}{\mathrm{d}t} = \frac{\partial}{\partial z}\left(\nu_k^\psi \frac{\partial K}{\partial z}\right) + \nu M^2 + \mu N^2 - \varepsilon \quad (4.18)$$

$$\frac{\mathrm{d}\psi}{\mathrm{d}t} = \frac{\partial}{\partial z}\left(\nu_\psi \frac{\partial \psi}{\partial z}\right) + \frac{\psi}{K}(c_{\psi1}\nu M^2 + c_{\psi3}\mu N^2 - c_{\psi2}F_w\varepsilon) \quad (4.19)$$

式中，ν_k^ψ 和 ν_ψ 为垂向湍流扩散系数；$c_{\psi1}$、$c_{\psi2}$ 和 $c_{\psi3}$ 是模型指定的常数；F_w 为临壁函数（wall proximity function）；M 和 N 分别是剪切和浮力频率；ε 为耗散率。通用长度尺度定义为

$$\psi = (c_\mu^0)^p K^m l^n \quad (4.20)$$

式中，c_μ^0 和 l 为湍流混合长度，$c_\mu^0 = 0.3^{1/2}$，具体模型的选用取决于常数 p，m 和 n。式（4.1）和式（4.5）中出现的垂向黏性系数和扩散系数与 K、l 及稳定函数有关。

$$\nu = \sqrt{2}\, s_m K^{1/2} l \quad (4.21)$$

$$\mu = \sqrt{2}\, s_h K^{1/2} l \quad (4.22)$$

$$\nu_k^\psi = \frac{\nu}{\sigma_k^\psi} \quad (4.23)$$

$$\nu_\psi = \frac{\nu}{\sigma_\psi} \quad (4.24)$$

式中，施密特数（Schmidt numbers）σ_k^ψ 和 σ_ψ 为模型指定常数，稳定函数 s_m 和 s_h 由代数应力模型给出（Algebraic Stress Model）[83-84]。

在水体自由表面和底部，湍流动能和混合长度可由 Direclet 边界条件指定，即

$$K = \frac{1}{2}B_1^{2/3}\ |\tau_b|^2 \quad (4.25)$$

$$l = \kappa_0 d_b（底部）\ 或\ \kappa_0 d_s（表面） \quad (4.26)$$

式中，τ_b 为底部摩擦应力；$\kappa_0 = 0.4$ 为卡门常数（von Karman's constant）；B_1 为常数；d_b 和

d_s 分别是到底部和到自由表面的距离。

4.1.2　计算区域的离散

计算区域水平方向采用三角形和四边形混合网格，垂向上采用混合 SZ 坐标系统。混合 SZ 坐标系统可以较好的体现复杂不规则地形，同时有效地提高模型在垂向上的空间分辨率，可在一定程度上解决河口地区垂向上由于地形变化大而导致水平梯度模拟失真的问题。

图 4.1 和图 4.2 分别为垂向混合 SZ 坐标系示意图及断面网格示意图，混合 SZ 坐标系统的 z 坐标的原点为平均海平面（MSL），而 s 层位于 z 层之上，在 s 层和 z 层之间存在着分界线，其位于 k^z 层（$z=h_s$）。

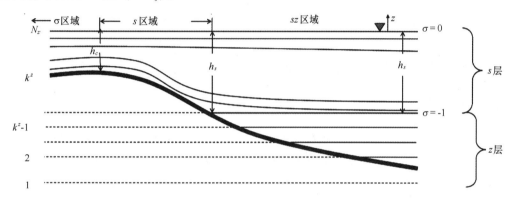

图 4.1　垂向 SZ 混合坐标系示意

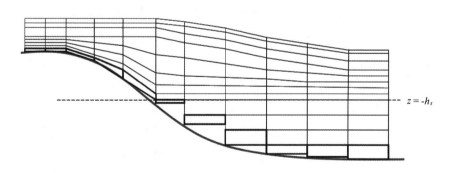

图 4.2　垂向 SZ 混合坐标系下断面网格示意

s 坐标转化为 z 坐标的公式为

$$z = \eta(1 + \sigma) + h_c\sigma + (\widetilde{h} - h_c)C(\sigma) \quad (1 - \leqslant \sigma \leqslant 0) \tag{4.27}$$

$$C(\sigma) = (1 - \theta_b)\frac{\sinh(\theta_f\sigma)}{\sinh\theta_f} + \theta_b\frac{\tanh[\theta_f(\sigma + 1/2)] - \tanh(\theta_f/2)}{2\tanh(\theta_f/2)}$$

$$(0 \leq \theta_b \leq 1; \ 0 \leq \theta_f \leq 20) \tag{4.28}$$

式中，$\tilde{h} = \min(h, h_s)$ 代表限制深度；θ_f 和 θ_b 代表控制表层、底层分辨率的常数；h_c 代表表层或底层的厚度常数；当 θ_f 趋近于 0 时，s 坐标系转化为传统的 σ 坐标系：$z = \tilde{H}\sigma + \eta$，其中，$\tilde{H} = \tilde{h} + \eta$ 代表限制总水深；当 $\theta_f \gg 1$ 时，方程的非线性加强，计算结果更多地取决于边界条件；当 θ_b 趋近于 0 时，只能对表层进行计算；当 θ_b 趋近于 1 时，表、底层都可以进行计算。

4.2 河口咸潮上溯数学模型的构建

基于 SCHISM 数值模式，分别构建珠江河口及河网整体二维盐度数学模型、磨刀门水道三维咸潮上溯数学模型，采用两重嵌套的方式，由珠江河口及河网二维模型为磨刀门水道三维模型提供流量、潮位及盐度过程边界。

4.2.1 珠江河口及河网二维咸潮上溯数学模型

珠江河口及河网二维咸潮上溯数学模型计算区域包括整个珠江三角洲网河区（即西江、北江及东江三角洲）以及整个伶仃洋和黄茅海，模型上游边界取在西江上游高要、北江上游石角、东江上游博罗、潭江上游石咀和白坭河的老鸦岗；外海南侧开边界取在珠江口外南海 60 m 等深线附近，西侧开边界取在镇海湾附近，东侧开边界取在大鹏湾以东，模型范围如图 4.3 所示。

模型上游边界给定实测流量过程，外海潮位边界由全球潮波模型 nao99 计算得到，外海盐度边界设定为恒定盐度值 33，盐度的初始条件通过循环运行模型，取 60 天后模型计算的盐度场作为模型的初始盐度场。

模型计算区域采用非结构网格，河道内采用贴体四边形网格，在河道交汇处及口外复杂区域采用三角形网格，网格的设计能较好地贴合实际岸线，网格共 114 968 个，节点共 100 975 个，最小单元长度 20 m。模型计算时间步长为 150 s，计算基面采用珠江基面。

模型计算采用了最新实测地形资料，西江、北江干流及西伶通道、珠江河口口门区、伶仃洋及黄茅海采用 2009—2014 年地形，岸线边界采用 2014 年遥感解译边界，其他区域地形采用 1999 年地形，地形条件如图 4.4 所示。

4.2.2 磨刀门水道三维咸潮上溯数学模型

磨刀门三维盐度数学模型计算区域与网格布置如图 4.5 所示，模型上游开边界取在天河站，给定计算流量过程，外海开边界给水位及盐度过程。上游边界流量、外海边界水位均由珠江河口及河网二维模型计算提供，由于外海边界处盐度垂向混合较为均匀，因此磨

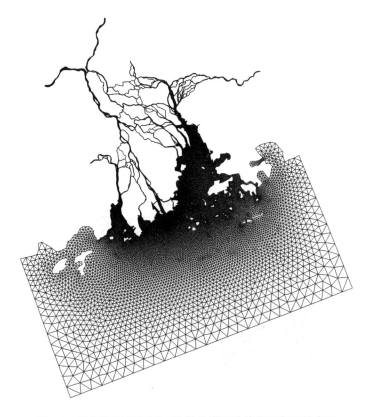

图 4.3　珠江河口及河网二维数学模型计算范围与网格布置

刀门水道三维模型外海边界盐度亦由珠江河口及河网二维模型计算提供，盐度初始场由二维模型计算获得。

　　模型水平方向采用非结构网格，上游河道采用四边形网格，下游河道及口外水位采用三角形网格，网格共 23 862 个，节点共 15 412 个。为重点分析磨刀门水道及河口咸潮上溯过程的变化，对磨刀门水道及口门水域网格进行了加密处理，最小网格尺寸在 15 m 左右。模型垂向坐标采用混合坐标系。模型计算时间步长为 150 s。已有研究表明，风对磨刀门水道咸潮上溯影响较大，因此模型计算考虑风的影响，风资料取自澳门气象站实测风资料。

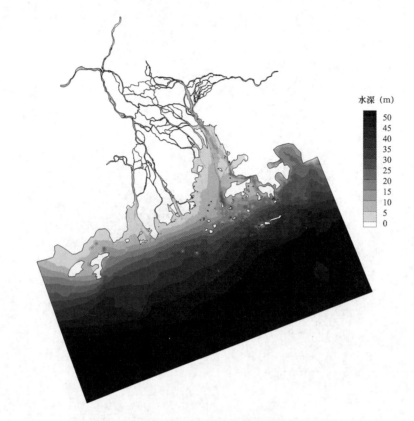

图 4.4　珠江河口及河网二维数学模型水深地形

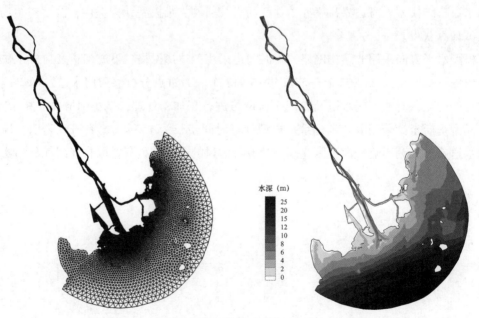

图 4.5　磨刀门水道三维模型计算网格及水下地形

4.3 河口咸潮上溯数学模型的验证

为验证所构建模型的精度，分别采用"2009.1"水文组合及"2009.12"水文组合对模型进行率定及验证（站点布置见图 2.4）。其中"2009.1"为大潮水文组合，主要为测试模型对于潮周期内潮汐变化、水流运动及咸潮上溯过程的模拟精度。"2009.12"为大、中、小潮半月水文组合，主要为验证模型对于整个半月潮周期内咸潮发生、发展及消亡全过程的模拟精度。同时收集了上述时段内的同步风资料，风矢量图见图 4.6 至图 4.7。

采用上述原型观测资料对珠江河口及河网二维、磨刀门水道三维咸潮上溯数学模型分别进行了率定及验证。经验证，珠江河口及河网二维咸潮上溯数学模型计算糙率取值范围在 0.010~0.035 之间，上游河道糙率取值大于下游河道及口外海域。磨刀门水道三维咸潮上溯数学模型底部粗糙度取值在 0.01 左右。

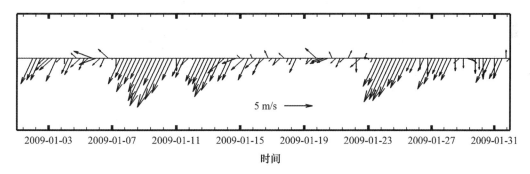

图 4.6 "2009.1"水文组合期间澳门气象站风矢量图

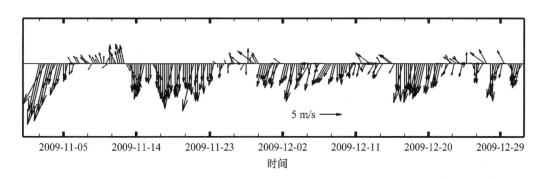

图 4.7 "2009.12"水文组合期间澳门气象站风矢量图

4.3.1 "2009.1"水文组合验证

"2009.1"水文组合测量时间为 2009 年 1 月 12 日 14：00 至 1 月 13 日 18：00（大潮

期），测量项目包括水位、流速及盐度等，流速及盐度测站共为 8 个（M1～M8），从磨刀门河口外向上游平均约 5 km 布设一个站点（图 2.4），垂线按六点法测量。

模型计算时间为 2009 年 1 月 2 日 0：00 至 2009 年 1 月 31 日 24：00，共 30 d，时间步长为 150 s。模型验证时段与测量时间一致，分别对灯笼山及三灶站水位、原型测点分层流速、流向及盐度进行验证，验证结果如图 4.8 至图 4.12 所示。

4.3.1.1　水位验证

灯笼山、三灶站的验证结果如图 4.8 所示，图中实线为模拟值，空心圆点为实测值。从图中可以看出，计算水位与实测水位较为吻合，模型对潮汐过程有着较高的模拟精度。

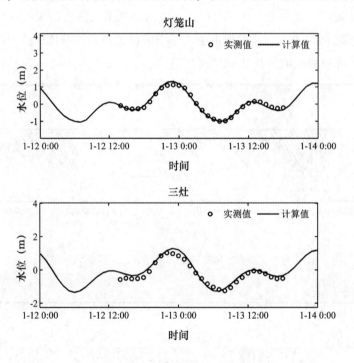

图 4.8　"2009.1" 水位验证

4.3.1.2　流速验证

采用 M2～M8 测点的表、中、底层的实测流速和流向对模型进行验证，验证结果见图 4.9 至图 4.11（其中 M1 点由于流速、流向数据缺失严重未进行比较）。从图中可以看出，磨刀门水道水流为典型的往复流，且落潮历时大于涨潮历时，表层流速大于中层及底层流速，各测站表、中、底层的流速和流向计算结果与实测值较为吻合，表明模型能较准确地模拟磨刀门水道的水动力过程。

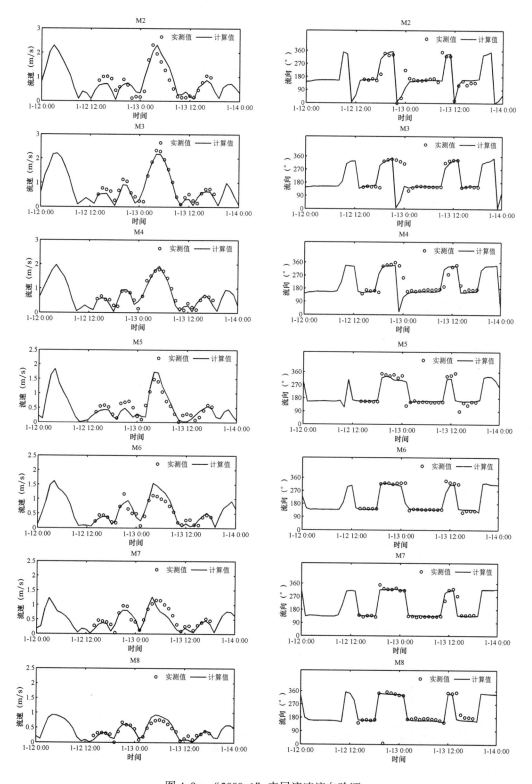

图 4.9　"2009.1" 表层流速流向验证

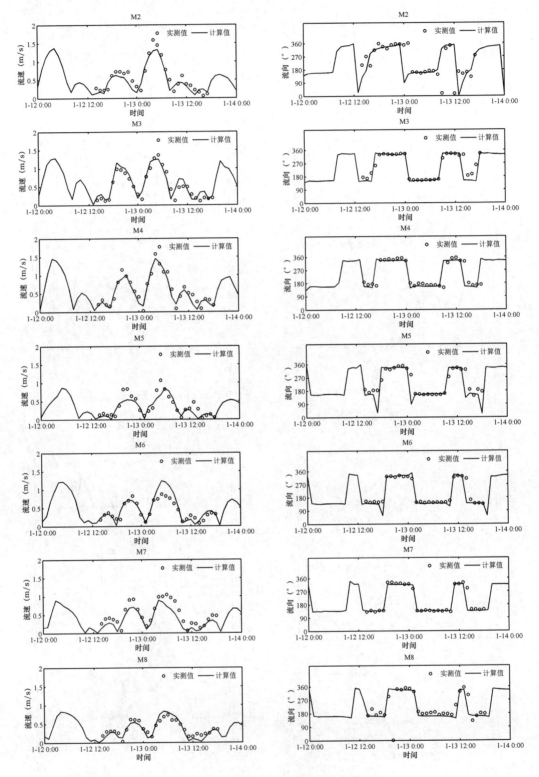

图 4.10 "2009.1"中层流速流向验证

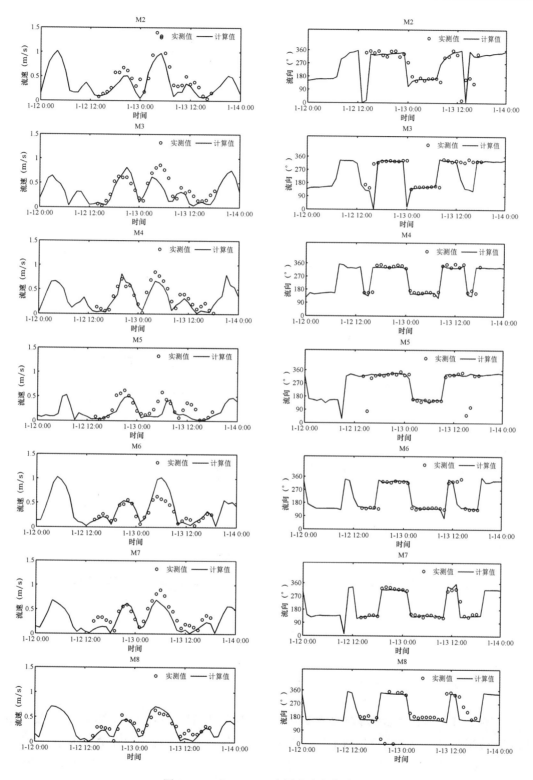

图 4.11　"2009.1"底层流速流向验证

4.3.1.3 盐度验证

"2009.1"水文组合的表、中、底盐度验证结果如图4.12至图4.14所示，从中可以看出，除M1测站表、中、底盐度随潮变化较小外，M2~M8测站盐度随着潮汐及潮流变化而呈现明显的周期性波动。模型计算盐度过程与实测盐度过程吻合较好，表明模型基本能反映磨刀门水道咸潮在潮周期内的变化过程。

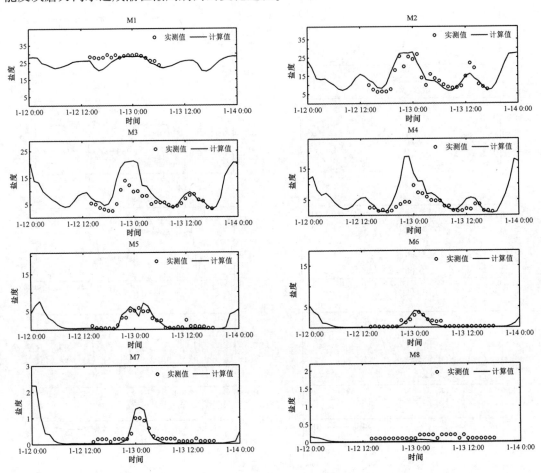

图4.12 "2009.1"表层盐度验证

4.3.2 "2009.12"水文组合验证

"2009.12"水文组合测量时间为2009年12月10日15：00至12月25日14：00，观测时间持续半个月，观测项目包括水位、流速及盐度等，流速及盐度测站共为8个（1号至8号），其中4号站点布置在洪湾水道，其他测站从磨刀门河口口门处向上游平均约5km布设一个站点，垂向按间隔1m进行测量。

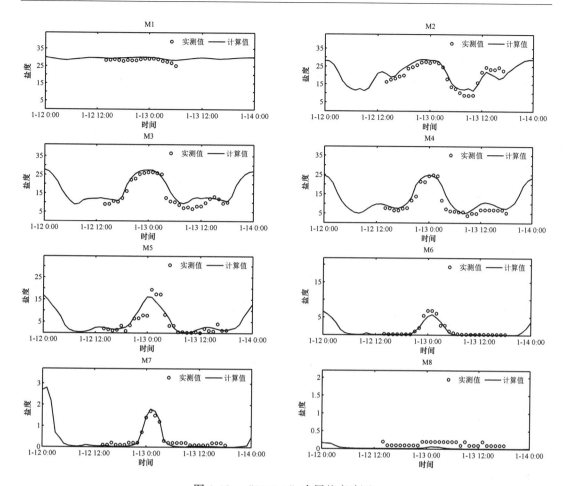

图 4.13　"2009.1"中层盐度验证

　　模型计算时间为 2009 年 11 月 1 日 0：00 至 2009 年 12 月 30 日 24：00，共 60 天。模型验证时段与测量时段一致，分别对灯笼山及三灶站水位、原型测点分层流速、流向及盐度进行了验证，验证结果如图 4.15 至图 4.24 所示。

4.3.2.1　水位验证

　　"2009.12"水文组合灯笼山、大横琴站的验证结果如图 4.15。从中可以看出，无论是对于高潮位还是低潮位的模拟，计算值与实测值均吻合较好，说明构建的模型总体上能较好地复演半月潮汐变化，且对潮汐过程有着较高的模拟精度。

4.3.2.2　流速验证

　　分别对 1 号至 8 号测点的表、中、底层的流速和流向进行验证，验证结果见图 4.16 至图 4.21。整体上看，除位于洪湾水道的 4 号测站外，其余位于磨刀门水道的 7 个测站

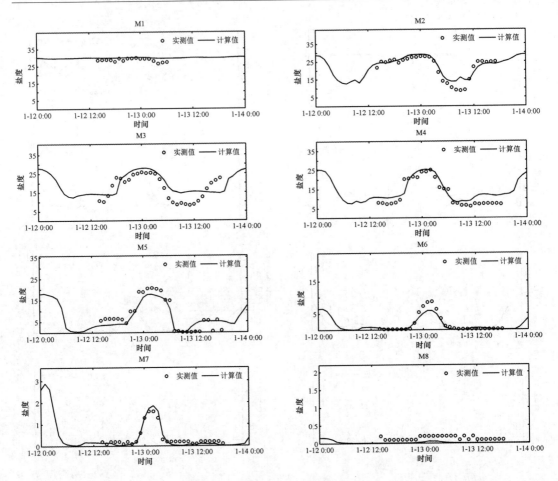

图 4.14 "2009.1" 底层盐度验证

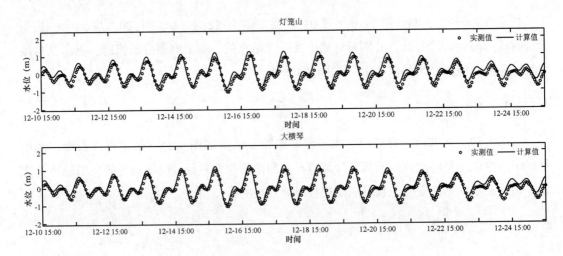

图 4.15 "2009.12" 水位验证

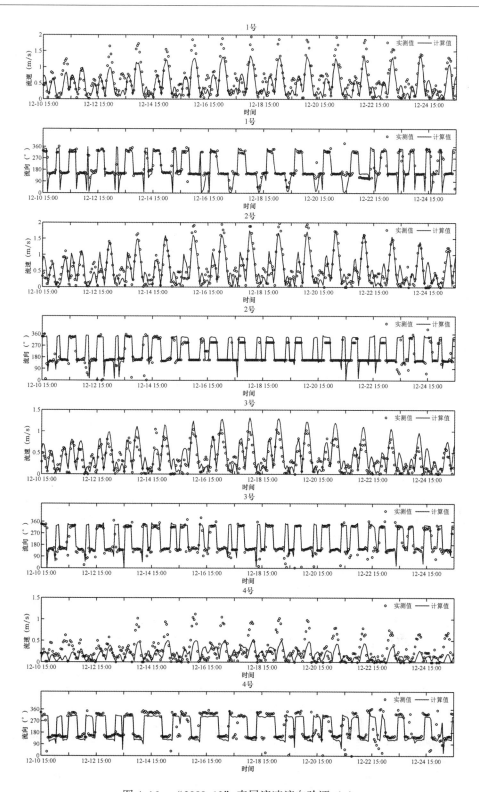

图 4.16　"2009.12" 表层流速流向验证（a）

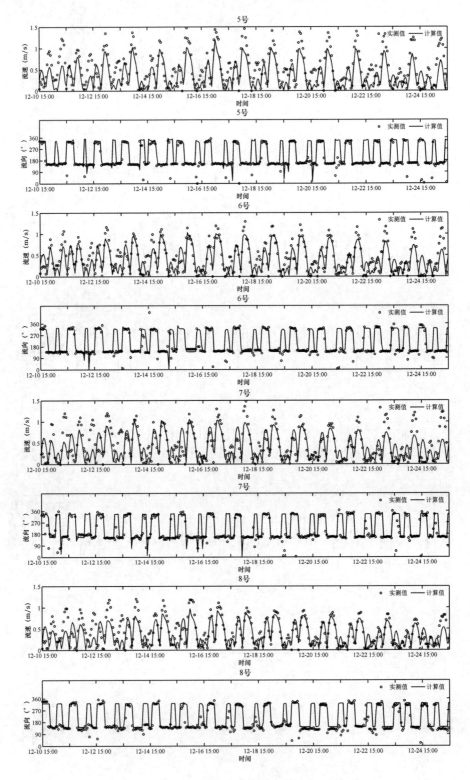

图 4.17 "2009.12" 表层流速流向验证（b）

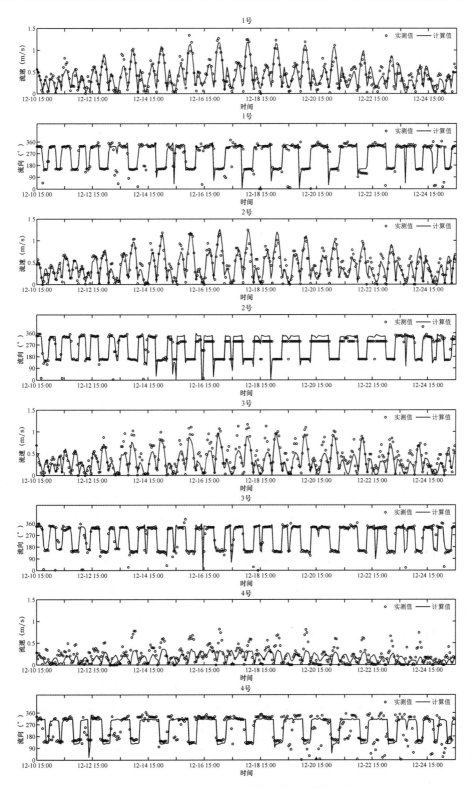

图 4.18　"2009.12"中层流速流向验证（a）

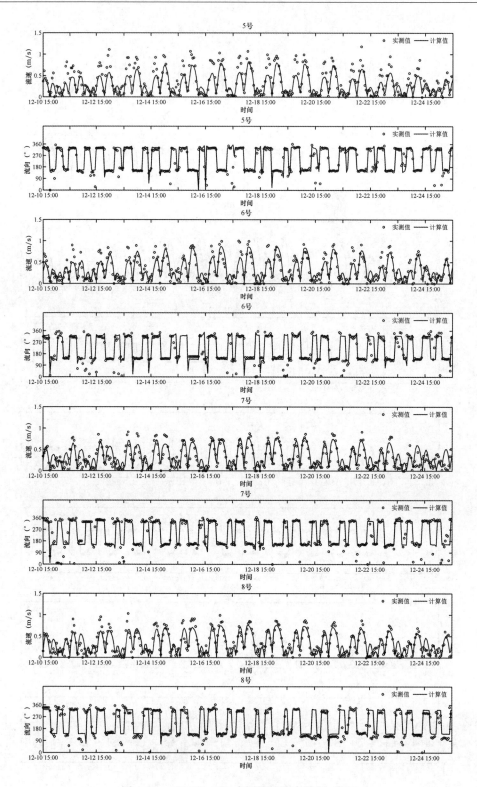

图 4.19 "2009.12" 中层流速流向验证 （b）

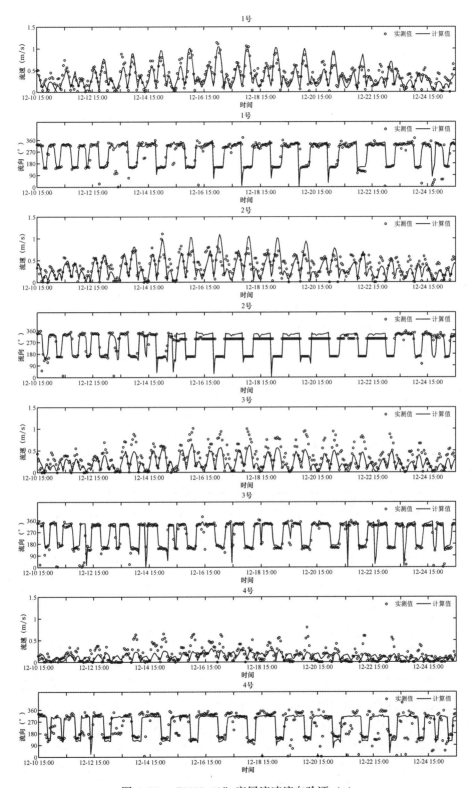

图 4.20　"2009.12"底层流速流向验证（a）

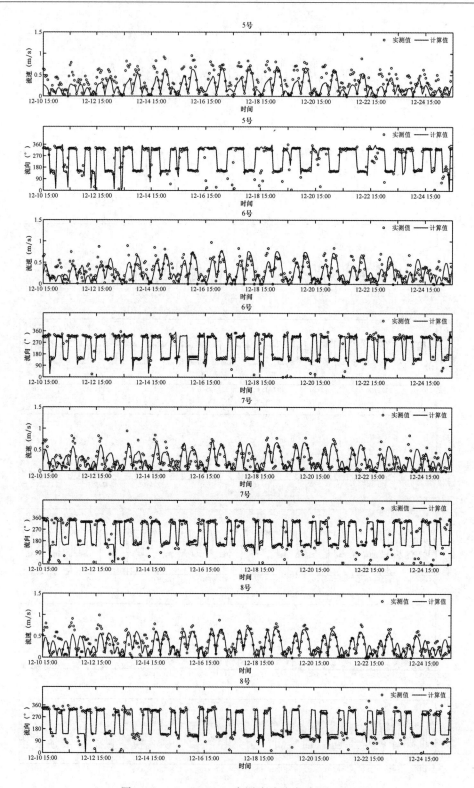

图 4.21 "2009.12" 底层流速流向验证 (b)

表、中、底层的流速和流向计算结果与实测值较为吻合，表明模型能较好地模拟磨刀门水道的半月潮流变化过程。而洪湾水道潮流速偏小的原因可能是由于缺乏与该次测量时间近似匹配的河道地形所致。

4.3.2.3　盐度验证

表、中、底层的盐度验证结果如图 4.22 至图 4.24 所示，由图可以发现，盐度随着潮汐及潮流过程变化也呈周期性变化，盐度过程曲线与实测盐度过程变化吻合较好，基本能反映磨刀门水道咸潮发生、发展及消退的全过程。

4.3.3　误差来源分析

从盐度验证过程来看，"2009.1"水文组合模拟精度较高，而对于"2009.12"水文组合的模拟精度次之，特别是对于 2009 年 12 月 10—16 日盐度模拟精度整体不如其他时段。数值模拟的误差可能来源于如下几个方面。

（1）地形资料与水文资料的非同步性。由于缺乏 2009 年实测地形资料，部分研究区域计算地形采用了 1999 年与 2010—2014 年地形，咸潮上溯过程受河口演变影响显著，从而导致计算误差的产生。

（2）风场精度的误差。由于缺乏与计算水文组合同步的大范围风速风向资料，本章采用以点代面的方式，利用澳门气象站风速资料对模拟区域内风场进行概化，然而研究区域附近陆域地形复杂，采用该方式概化的风场难免存在误差。特别是 2009 年 12 月 10—16 日，由图 4.7 可见，澳门气象站风速风向多变，研究区域内实际风场结构可能更为复杂，这可能是该时段内数值模拟精度不如其他时段的一个重要原因。

（3）测量本身的误差。本章中所采用的盐度数据利用配制的盐度为 35、20、10、5、3、2、1 盐溶液，通过盐度和固体物含量（Tds）测值间的换算关系获得盐度数据，部分盐度数据由于观测仪器变化、测量单位变化导致数据存在差异，经过标准溶液比测进行人为校正，从而引入误差。

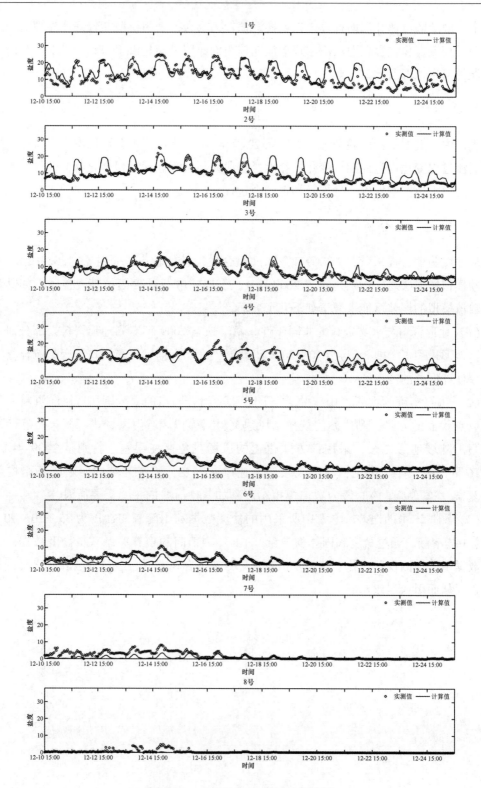

图 4.22　"2009.12"表层盐度验证

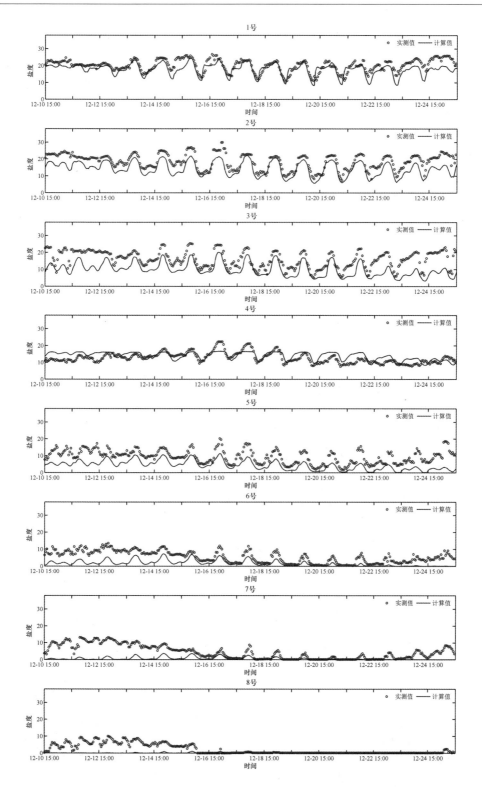

图 4.23　"2009.12"中层盐度验证

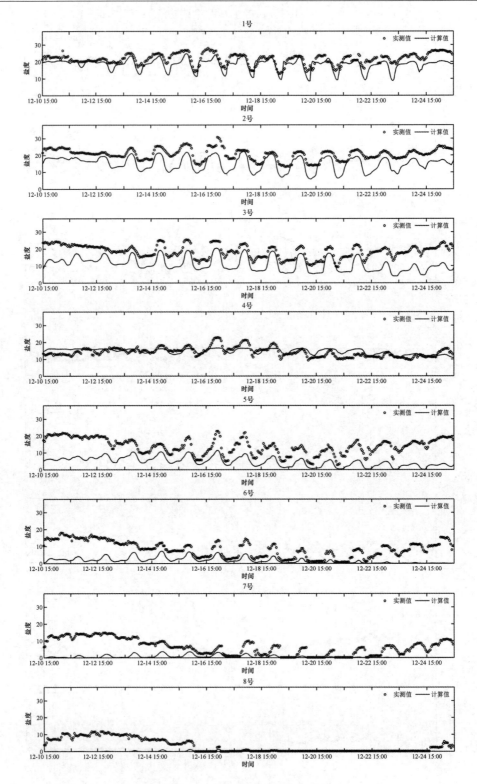

图 4.24　"2009.12" 底层盐度验证

第5章　磨刀门咸潮上溯规律及动力机制分析

本章采用数值模型计算结果，进一步探究半月周期内磨刀门水道咸潮上溯的时空变化特征。针对磨刀门水道咸潮上溯在小潮后的中潮期最强这一特征，采用断面盐通量机制分解法，对磨刀门咸潮上溯特性异常的动力机制进行深入分析。

5.1　盐度的时间变化特征

基于数值模型计算结果，对河口区典型位置盐度半月过程进行分析（图2.4中M3、M4、M5、M6、M7测量点），以此分析磨刀门水道盐度的时间变化特征。图5.1至图5.5给出了M3~M7测量的表层、底层的盐度时间变化过程，用来说明盐度随大小潮潮型的变化，图中同时给出了三灶站的潮位过程，用于指示对应的潮型特征。

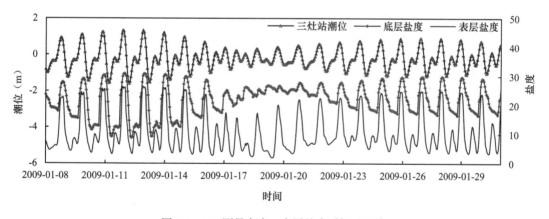

图 5.1　M3 测量点表、底层盐度时间过程线

图5.1至图5.2表明小潮—中潮—大潮—中潮的半月周期内（1月16—30日），M3、M4测量点表层及底层盐度峰值出现在大潮前期。M3测量点的底层盐度变化约在18~30之间，表层盐度变化约在2~25之间；M4测量点的底层盐度变化约在8~25之间，表层盐度变化在2~20之间；底层盐度在小潮期间波动小，在大潮期间波动大，在整个半月周期内底层一直积聚着较高的盐度；表层盐度的变化趋势大致可以分为上升和下降两个阶段：从小潮阶段开始表层盐度逐日增大，至大潮前期达到峰值，而后盐度逐日减小。半月周期内的盐度具有一定的规律性：小潮期间，底层高盐度积聚，表、底层盐度差大，分层特征

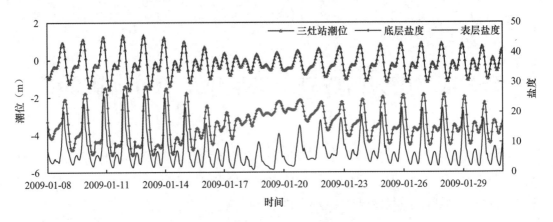

图 5.2　M4 测量点表、底层盐度时间过程线

明显，中潮期间掺混逐渐加强，表层盐度持续上升，大潮期间盐度大起大落，盐淡水混合。总体而言，M3、M4 测量点位于磨刀门水道下游，距离口门较近，受外海潮汐扰动作用较强，盐水掺混较强，表、底层盐度时间变化规律相同。

图 5.3 表明小潮—中潮—大潮—中潮的半月周期内（1 月 16—30 日），M5 测量点底层盐度峰值出现在小潮后中潮前期，而表层盐度峰值出现在小潮后中潮后期。M5 测量点的底层盐度在 1 月 20 日 19 时达到最大值 15，而表层盐度在 1 月 22 日 23 时达到最大值 8；这主要由于 M5 测量点位于挂定角附近，磨刀门水道与洪湾水道的交汇上游处，受外海潮汐扰动作用减小，加上复杂地形的影响，导致其表、底层盐度时间变化规律不同。

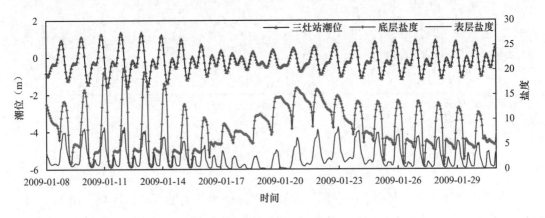

图 5.3　M5 测量点表、底层盐度时间过程线

图 5.4 与图 5.5 表明小潮—中潮—大潮—中潮的半月周期内（1 月 16—30 日），M6、M7 测量点表层及底层盐度峰值出现在中潮期间，盐度峰值与潮位峰值存在明显的相位差。M6 测量点的底层盐度变化约在 0~9 之间，表层盐度变化约在 0~7 之间；M7 测量点的底层盐度变化约在 0~4 之间，表层盐度变化约在 0~3 之间；M6、M7 测量点的盐度在小潮

后期骤然升高，并达到峰值，之后随着潮差增大，盐度慢慢变小。

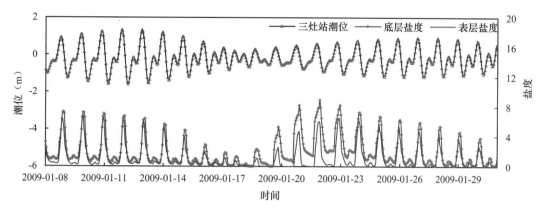

图 5.4　M6 测量点表、底层盐度时间过程线

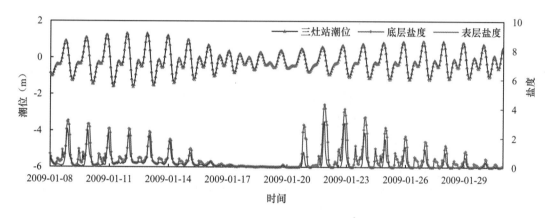

图 5.5　M7 测量点表、底层盐度时间过程线

为了分析不同阶段盐度的垂向分布特征，选取分层系数作为评估盐淡水混合强弱的指标。分层系数 n 为测量点底层与表层之间的盐度差与测量点垂线平均盐度的比值，定义为

$$n = \frac{S_b - S_s}{\overline{S}} = \frac{\delta S}{\overline{S}} \tag{5.1}$$

式中，S_b 为底层盐度，S_s 为表层盐度，$\overline{S}$ 为垂线平均盐度。根据 Hansen 和 Rattry 的划分，当 $n > 10^0$ 时，为高度分层型，可能出现盐水楔；当 $10^{-1} \leqslant n \leqslant 10^0$ 时，为部分混合型或缓混合型；当 $n < 10^{-1}$ 时，属充分混合型或强混合型。

针对 M2、M4、M5 测量点的逐日分层系数进行分析，从图 5.6 中可以看出，分层系数 n 的大小顺序依次为：M5>M4>M2，即表明下游段的混合强度大于上游，且 3 个测点的分层系数随大小潮变化规律相同：都在小潮阶段分层系数最大，随着潮差的增大分层系数逐渐减少，在小潮后的中潮分层系数最小，之后随着潮差的增大分层系数又逐渐增大。

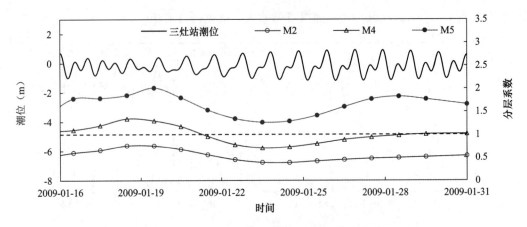

图 5.6　M2、M4、M5 测量点逐日分层系数变化

5.2　盐度的空间分布特征

本节通过分析磨刀门水道在半月周期中"小潮—中潮—大潮—中潮"四个阶段的纵断面盐度分布来研究磨刀门水道咸潮上溯的空间特征，为研究磨刀门咸潮上溯的动力机制奠定基础。取图 5.7 所示的 A-A′断面作为研究对象，研究时间为 2009 年 1 月 16—30 日，各个时刻与潮汐的对应关系如图 5.8 中的 A 至 D 所示，分别为涨急、涨停、落急、落停时刻。分别取 M2、M4、M6 这三个测量点来计算分层系数，分别记为 n_2、n_4、n_6，通过这三个点的分层系数来表现不同阶段、不同位置的盐水混合状态。

5.2.1　小潮阶段

图 5.9 为小潮期间沿磨刀门纵断面盐度分布图，包含一个潮周期内的涨急、涨停、落急、落停四个时刻，图上横轴为距外海 A′点（位置见图 5.7）的距离（向上游为正），图中箭头代表沿河道流速。小潮期间，三灶站的涨潮潮差为 0.93 m，落潮潮差为 0.68 m，潮汐动力相对较弱，盐淡水的混合动力也相对较弱，不同时刻，A-A′断面盐度的等值线趋势较为平缓，沿程均出现了明显的盐度分层现象，各测站的分层系数均较中潮和大潮期间大。

小潮涨急时刻，口外底层盐度开始增大，最大盐度可达 30，表层盐度值则较低，随着涨潮动力增强，口外盐水楔沿河道底层向上游推进，高盐水团也随之向上游推进，到达 M2 测量点附近，上层水体受其挤压作用，形成明显的高、低盐水层界面。此时，$n_2 = 0.77$，$n_4 = 1.65$，$n_6 = 0.01$，磨刀门水道的盐水几乎处于高度分层状态，且越往上游，分层越明显，直到上游灯笼山附近，盐度明显降低，盐度均匀分布，分层现象消失。

涨停时刻，外海高盐水团随涨潮流继续向河道内推进，导致磨刀门水道的盐水浓度迅

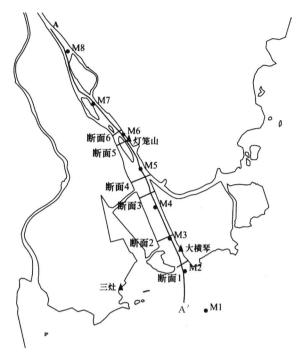

图 5.7　断面位置

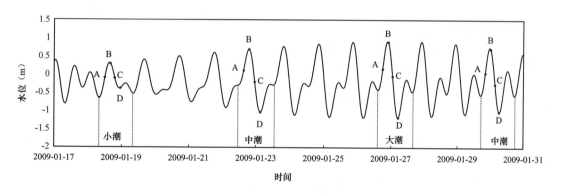

图 5.8　三灶站潮位过程线

速增加，口外至洪湾水道范围内的底层盐度均高于 10，表层盐度也均高于 6。此时，$n_2 = 0.20$，$n_4 = 0.81$，$n_6 = 1.18$，磨刀门水道下游的盐水处于缓混合状态，而洪湾水道至灯笼山的盐水仍处于高度分层状态，但相比于涨急时刻，分层系数减小，盐淡水混合加剧。

　　落急时刻，口外高盐水稍有退却，水道内的盐水浓度有所减小，主要是中层及表层盐水随落潮流退向至外海，但在惯性力的作用下，底层水体并未随落潮流退至外海，与涨停时刻相比，浓度基本不变。此时，$n_2 = 0.47$，$n_4 = 0.91$，$n_6 = 1.28$，盐淡水混合减弱，可见，落急时刻和涨停时刻的盐水混合状态基本相同。

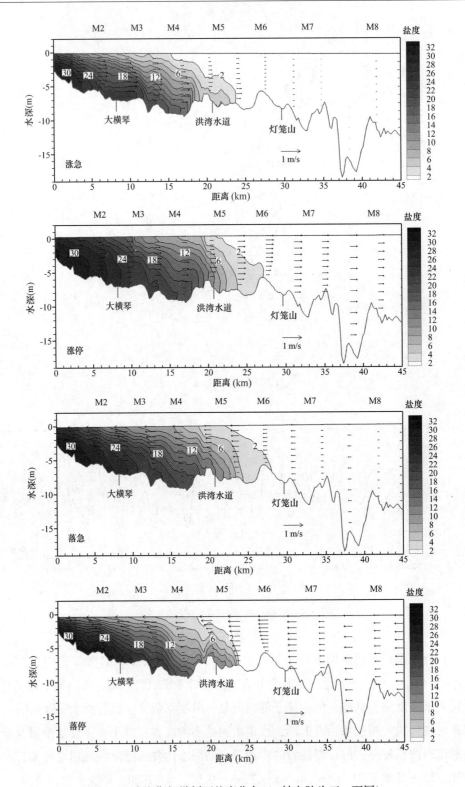

图 5.9　小潮期间纵剖面盐度分布（x 轴向陆为正，下同）

落停时刻，口外高盐水轻微退却，水道内的表层水体盐水浓度明显减小，但水道底层仍有盐度较高的水团存在，这是由于拦门沙对口内高盐水团存在一定阻滞作用，小潮潮汐动力较弱，涨潮阶段口外盐水楔难以大幅度越过拦门沙，落潮阶段上游底层高盐水团得以保留在拦门沙内坡。此时，$n_2 = 1.0$，$n_4 = 1.60$，$n_6 = 1.44$，水道内的盐水重新恢复到高度分层状态。

总体而言，小潮期间，磨刀门水道内的盐度在潮周期内变化明显，在涨急、落停两个时刻，盐水处于高度分层状态，水道内表层浓度较低；在涨停、落急时刻，洪湾水道下游段盐水处于缓混合状态，盐水浓度较高，洪湾水道上游盐度大于 2，盐水处于高度分层状态，盐水浓度较低。

5.2.2　小潮转大潮的中潮阶段

图 5.10 为小潮后中潮期间沿磨刀门纵断面盐度分布，包含一个潮周期内的涨急、涨停、落急、落停四个时刻。中潮期间，三灶站的涨潮潮差为 1.01 m，落潮潮差为 1.73 m，与小潮期间相比，A–A′断面盐度的等值线走势已经有所倾斜，各测站的分层系数在半月潮周期中均为最小值。

中潮涨急时刻，随着涨潮动力增强，口外盐水楔进入河道，与小潮期间高盐水沿河道底部向上游推进的形式不同，盐水楔与表层低盐水充分混合形成高盐水团后整体向上游推进，相比小潮涨急时刻，磨刀门水道内盐水浓度明显变高，咸潮上溯距离增加，2 盐度等值线到达灯笼山附近。此时，$n_2 = 0.51$，$n_4 = 0.98$，$n_6 = 1.46$，磨刀门水道的盐水分层较小潮涨急时刻有所减弱，在盐水楔锋面所在范围内，盐水处于高度分层状态。

涨停时刻，口外高浓盐水掺混进一步加剧，高盐水团整体向水道上游推进，盐水团前锋的垂向混合较为均匀，磨刀门水道的盐水浓度迅速增加，洪湾水道至灯笼山段表层水体浓度迅速上升；此时，$n_2 = 0.09$，$n_4 = 0.24$，$n_6 = 0.38$，大横琴附近的盐淡水处于强混合状态，其他位置盐水基本处于缓混合状态，但相比于小潮涨停时刻，河道内盐度浓度变大，咸潮上溯距离显著增加，2 盐度等值线推进至灯笼山上游 5 km 处，增加约 7 km，盐淡水混合显著增强。

落急时刻，口外高盐水稍有退却，水道内的整体盐水浓度有所减小，主要是表层及中层盐水随落潮流退向外海，而灯笼山上游段底层的盐度值却较涨停时刻有所增加，咸潮上溯达到峰值。此时，$n_2 = 0.34$，$n_4 = 0.55$，$n_6 = 0.35$，盐淡水混合减弱，河道内的盐水基本处于缓混合状态。

落停时刻，盐水楔已退出口外，浓度较高的盐水主要积聚在大横琴处，底层高盐水团浓度最大值为 20，水道内基本被低盐水所占据。此时，$n_2 = 0.64$，$n_4 = 0.92$，$n_6 = 1.03$，口门至洪湾水道段盐水基本处于缓混合状态，洪湾水道上游至盐度大于 2 的盐水基本处于高度分层状态，到上游灯笼山附近，盐水浓度很低，盐度均匀较分布，分层现象消失。

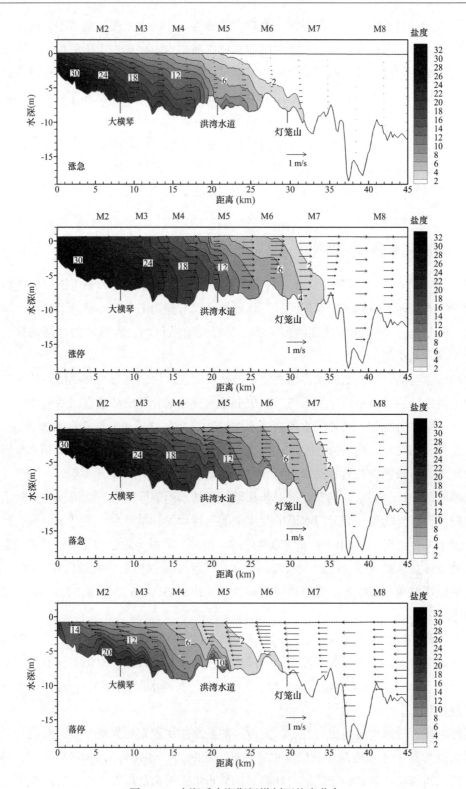

图 5.10 小潮后中潮期间纵剖面盐度分布

总体而言，中潮期间，磨刀门水道内盐水基本处于缓混合状态，只有在涨急、落停时刻，在盐水楔锋面所在范围内，盐水处于高度分层状态。相比小潮阶段，水道内盐水浓度明显变高，盐淡水混合增强，咸潮上溯距离在整个半月周期内最远，在落急时刻达到峰值。

5.2.3 大潮阶段

图 5.11 为大潮期间沿磨刀门纵断面盐度分布，包含一个潮周期内的涨急、涨停、落急、落停四个时刻。大潮期间，三灶站的涨潮潮差为 1.31 m，落潮潮差为 2.01 m。

大潮涨急时刻，随着涨潮动力增强，口外高盐水团进入河道，相比中潮涨急时刻，磨刀门水道内盐水浓度变低，咸潮上溯距离减小，2 盐度等值线到达洪湾水道上游附近。此时，$n_2 = 0.62$，$n_4 = 1.24$，$n_6 = 0.70$，磨刀门水道的盐水分层较中潮涨急时刻有所减弱，在洪湾水道附近，盐水处于高度分层状态，其他地方处于缓混合状态。

涨停时刻，口外高浓盐水混合加强，高盐水团整体向水道上游推进，盐水团前锋的垂向混合均匀，磨刀门水道的盐水浓度迅速增加，盐水混合作用明显增强；此时，$n_2 = 0.06$，$n_4 = 0.18$，$n_6 = 0.42$，大横琴附近的盐淡水处于强混合状态，其他位置盐水基本处于缓混合状态，但相比于中潮涨停时刻，盐淡水混合增强，河道下游的高盐水量增加，但咸潮上溯距离减小，2 盐度等值线至灯笼山，减小约 5 km。

落急时刻，口外高盐水团开始退出河道，水道内的整体盐水浓度有所减小，主要是表层及中层盐水随落潮流退向外海，而灯笼山附近底层的盐度值却较涨停时刻有所增加，咸潮上溯达到峰值。此时，$n_2 = 0.41$，$n_4 = 0.89$，$n_6 = 0.67$，盐淡水混合减弱，河道内的盐水基本处于缓混合状态。

落停时刻，高盐水团已退出口外，浓度较高的盐水主要积聚在大横琴处，浓度最大值为 20，水道内基本被低盐水所占据。此时，$n_2 = 0.7$，$n_4 = 1.14$，$n_6 = 0.23$，口门至大横琴段盐水基本处于缓混合状态，大横琴上游至盐度大于 2 的盐水基本处于高度分层状态，到上游灯笼山附近，盐度明显降低，盐度小垂向分布均匀，分层现象消失。

总体而言，大潮期间，磨刀门水道内盐水基本处于缓混合状态，只有在涨急、落停时刻，在盐水楔锋面所在范围内，盐水处于高度分层状态。咸潮上溯形式大致与中潮期间相似，盐水楔进入水道后，以高盐水团的形式整体向上游推进，类似于"活塞"似的进退，不同的是，大潮期间潮汐动力更强，一次进退距离和涨落幅度相对更大，咸潮上溯距离比中潮期间有所减小，但大于小潮期间的入侵距离。

5.2.4 大潮转小潮的中潮阶段

图 5.12 为大潮后中潮期间沿磨刀门纵断面盐度分布图，包含一个潮周期内的涨急、涨停、落急、落停四个时刻。大潮后中潮期间，三灶站的涨潮潮差为 1.26 m，落潮潮差为

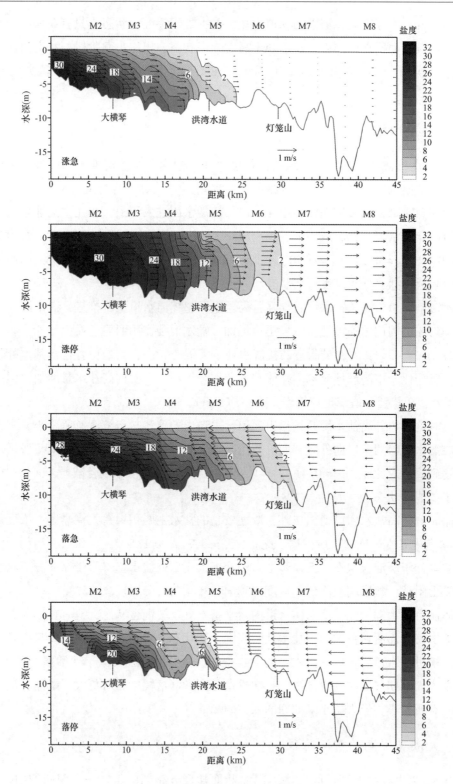

图 5.11　大潮期间纵剖面盐度分布图

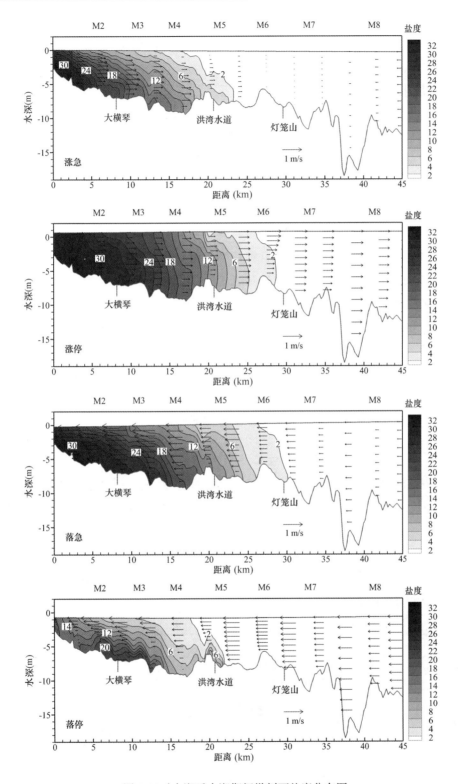

图 5.12 大潮后中潮期间纵剖面盐度分布图

1.72 m。纵剖面的盐度分布规律与大潮期间基本相同,盐水混合强度有轻微减弱,咸潮上溯的距离也有所减小,具体一个潮周期的盐水混合特性此处不做详述。

5.3 磨刀门水道断面盐通量特征

本章结合 Lerczak 等[85] 提出的盐通量分解方法,从物质输运角度出发,对磨刀门河口大小潮变化过程中引起日潮平均盐通量变化的驱动力进行研究,分析平流输运、稳定剪切输运和潮汐震荡输运对盐通量变化的贡献大小,从而探索磨刀门咸潮上溯的内在机制。

5.3.1 动力机制研究方法

采用断面盐通量分解的方法,对珠江河口演变造成的磨刀门水道咸潮上溯动力机制进行研究。根据 Lerczak 等[85] 的研究,通过对流速及盐度进行分解,断面盐通量可以分解为三部分:平流输运(advection transport)、稳定剪切输运(steady shear transport)、潮汐震荡输运(tidal oscillatory salt flux)。其中,平流输运主要是由上游径流及风作用等引起,将河道内盐度输运至口外;稳定剪切输运主要由河口交换流(estuarine exchange flow)引起,将外海盐水输运至河口上游;潮汐震荡输运主要是由潮流流速引起的,将外海的盐水输送至河口上游。

对于任一横断面,断面瞬时盐通量可以写成如下形式:

$$FF_s(t) = \sum_{i=1}^{n} v_i(t) \, s_i(t) \, A_i(t) \qquad (5.2)$$

式中,FF_s 为断面盐通量;t 为时间;v_i 为沿河道纵向流速;s_i 为盐度;A_i 为断面子区域面积;n 为断面子区域数;i 为断面子区域编号。潮周期平均的盐通量(净通量)可通过下式计算。

$$F_s(t) = \langle F F_s(t) \rangle \qquad (5.3)$$

式中,F_s 为 t 时刻盐通量;$\langle \ \rangle$ 表示潮周期平均;在本章中采用 24 h 平均。

流速及盐度可分解成如下形式:

$$\phi_i(t) = \phi_0(t) + \phi_{e,i}(t) + \phi_{t,i}(t) \qquad (5.4)$$

$$\phi_0(t) = \frac{\langle \sum_{i=1}^{n} \phi_i A_i \rangle}{\langle \sum_{i=1}^{n} \phi_i \rangle} = \frac{\langle Q \rangle}{\langle A \rangle} = \frac{Q_0}{A_0} \qquad (5.5)$$

$$\phi(t) = \frac{\langle \phi_i A_i \rangle}{\langle A_i \rangle} - \phi_0(t) \qquad (5.6)$$

$$\phi_{t,i}(t) = \phi(t) - \phi_{e,i}(t) - \phi_0(t) \qquad (5.7)$$

式中,ϕ 可取 v 或 s,下标 0 代表断面平均且潮周期平均,与径流、风等相关;下标 e 代表断面变化潮周期平均，与交换流相关；下标 t 代表断面变化且随时间变化，与潮流速相关；Q 和 Q_0 分别为瞬时和潮周期平均的流量，A 和 A_0 分别为瞬时和潮周期平均的断面面积。

潮周期平均断面净通量可写成如下形式：

$$
\begin{aligned}
F_s(t) &= \left\langle \sum_{i=1}^{n} v_i(t) \, s_i(t) \, A_i(t) \right\rangle = \sum_i (v_0 + v_{e,\,i} + v_{t,\,i})(s_0 + s_{e,\,i} + s_{t,\,i}) A_i \\
&= v_0 \sum_i \langle A_i \rangle s_0 + \sum_i \langle v_{e,\,i} s_{e,\,i} \rangle \langle A_i \rangle + \sum_i \langle (v_{t,\,i} s_{t,\,i}) A_i \rangle + cross\ terms \\
&= Q_0 s_0 + \sum_i F_{e,\,i} + \sum_i F_{t,\,i}
\end{aligned}
$$

$$
F_s(t) = F_0 + F_e + F_t \tag{5.8}
$$

式中，$cross\ terms$ 可以忽略不计；F_0 为平流输运盐通量；F_e 为稳定剪切输运盐通量；F_t 为潮汐震荡输运盐通量。

5.3.2　盐度通量的特征分析

在磨刀门水道上选取 6 个横断面，断面具体位置如图 5.7 所示，图 5.13 与图 5.14 给出了各断面盐通量分量 $Q_f s_0$、F_E 和 F_T 以及总的盐通量 F_S 在一个完整潮周期过程中的变化情况（图中正值表示向磨刀门水道下游输运，即向海输运；负值表示向磨刀门上游输运，即向陆输运）。

图 5.13（a）为三灶站水位过程线；图 5.13（b）为磨刀门水道咸潮上溯距离，以口门附近 M2 测量点为起始点，到垂向平均盐度等于 0.5 的位置为咸潮上溯距离，得到每个时刻咸潮上溯距离 L_s 和潮周期平均（25 h）咸潮上溯距离 $\overline{L}_s$。从图 5.13（b）中可以看出，潮周期平均最小上溯距离发生在大潮之后的中潮（1 月 15 日），为 20 km，随后距离逐渐增大，在小潮之后的中潮（1 月 22 日）达到潮周期平均最大入侵距离，为 33 km，位于灯笼山上游 9 km 处，随后又开始逐渐减小；一天内的咸潮上溯距离出现两涨两落的特征，盐度峰、谷值一般出现在落急、涨急附近时刻。

图 5.13（c）为断面 1 的盐通量分量，在断面 1 处，$Q_f s_0$ 始终为正值，即平流输送作用向海输送盐度，且在小潮期间平流输送作用弱，在小潮转大潮的中潮后期和大潮前期，平流输送作用强；F_E 始终为负值，即稳定剪切作用向陆输送盐度，且在小潮期间稳定剪切作用强，在大潮期间稳定剪切作用明显减弱；F_T 引起的盐度输送始终为负值，可见潮汐震荡作用在断面 1 处向陆输送盐度，且在大潮阶段向磨刀门水道内输送盐度的作用最强，在小潮阶段作用最弱。盐度净输送 F_S 在小潮期间为负值，即该时段内外海盐水通过断面 1 向河道内输送，而在中潮转大潮、大潮期间向外海输送盐度最强烈。

图 5.13（d）为断面 2 的盐通量分量，在断面 2 处，平流输送作用、稳定剪切作用和潮汐震荡作用引起的盐度输送规律与断面 1 处相同，但引起的盐度输送强度总体小于断面

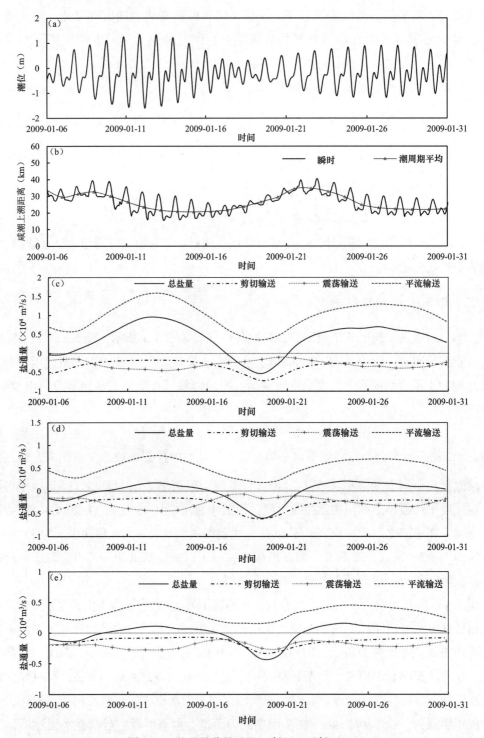

图 5.13　盐通量分量过程（断面 1 至断面 3）

（a）三灶站水位；（b）咸潮上溯距离；（c）断面 1 的盐通量分量；（d）断面 2 的盐通量分量；（e）断面 3 的盐通量分量。

1 处；在一个月内的前半月周期，即 1 月 6 日至 1 月 16 日期间，盐度净输送 F_S 在小潮转大潮的中潮为负值；一个月内的后半月周期，即 1 月 17 日至 1 月 31 日期间，盐度净输送 F_S 在小潮期间为负值，即该时段内外海盐水通过断面 2 向河道内输送。导致向磨刀门水道内输送盐水强烈有两类阶段的主要原因是，一个月内的两个完整的半月周期的外海潮差不同，前半月潮差较大，则向河道输送盐水最强时刻出现在中潮时刻；后半月潮差较小，则向河道输送盐水最强时刻出现在小潮期间。

图 5.13（e）为断面 3 的盐通量分量，在断面 3 处，平流输送作用和稳定剪切作用引起的盐度输送规律与断面 2 处相同，但引起的盐度输送强度总体小于断面 2 处；潮汐震荡作用引起的盐度输送规律与断面 2 处相同。

图 5.14（a）和图 5.14（b）分别为三灶站水位过程线和磨刀门水道咸潮上溯距离，与图 5.13 部分一致；图 5.14（c）为断面 4 的盐通量分量，稳定剪切作用引起的盐度输送规律与断面 3 处基本相同，但在小潮及小潮后的中潮，盐度输送的强度增加；潮汐震荡作用引起的盐度输送基本为负值，但在小潮之后的中潮期间出现正值，且正值的数值大小明显小于负值的数值大小，可见潮汐震荡作用在断面 4 处主要向陆输送盐度；总盐度输送规律与断面 3 基本相同，但盐度净输送强度明显小于断面 3，向陆输送盐度的时间变短。因为断面 4 位于支汊洪湾水道和鹤州水道上游，受洪湾水道和鹤州水道影响，各盐通量分量的变化规律与其他断面存在差异，但盐度净输送规律与其他断面规律一致。

图 5.14（d）为断面 5 的盐通量分量，在断面 5 处，稳定剪切输送、平流输送和潮汐震荡的规律与断面 3 相同，但输送强度变小；盐度净输送 F_S 在后半月周期的小潮期间向陆输送盐度，在随后在中潮转大潮、大潮期间向海输送盐度，而在前半月周期（1 月 6—16 日），盐度净输送 F_S 基本为 0，则此期间磨刀门河口内的潮汐平均总盐量处于平衡状态，这种情况下尽管潮波会改变河口的瞬时盐度，但从潮汐平均来看，河口内的盐不会持续累积增加或被冲淡而减少。图 5.14（e）为断面 6 的盐通量分量，断面 6 处，平流输送、稳定剪切输送、潮汐震荡输送这三个分量引起的盐度输送规律与断面 5 处相同，盐度输送轻度进一步减少。

通过以上分析可知，磨刀门水道在平流输送、稳定剪切输送和潮汐震荡输送三者作用下，磨刀门河口内的盐量输运在大多数时间都处于非平衡状态。在小潮期间，稳定剪切作用向陆盐度输送，超过平流输运的向海盐度输运，总盐通量为负，盐量在河道里累积；随着潮差的增大，稳定剪切作用逐渐减小，而平流输送作用和潮汐震荡作用逐渐增大，在小潮转大潮的中潮阶段，总盐通量由负转正，河道内部的日平均盐度达到最大，咸潮上溯距离最远；在大潮期间，向陆的潮汐震荡和稳定剪切的盐度输送小于向海的平流输送，所以总盐度通量向海输送，盐被冲出河口。

上述规律是各断面的共同特点，不同断面之间也存在显著的差别，主要的区别有：① $Q_f s_0$ 的大小和变化幅度在上游断面要比在口门附近的断面小，这是因为在口门附近受

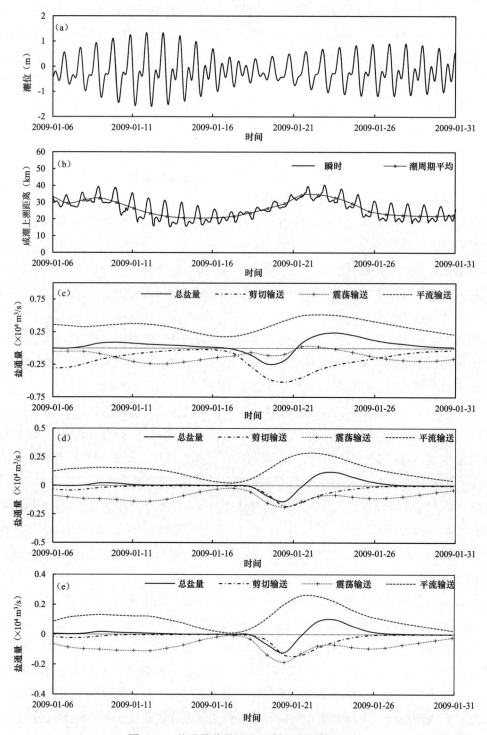

图 5.14　盐通量分量过程（断面 4 至断面 6）

（a）三灶站水位；（b）咸潮上溯距离；（c）断面 4 的盐通量分量；（d）断面 5 的盐通量分量；（e）断面 6 的盐通量分量。

潮汐波动影响，断面平均流速 u_0 和断面平均盐度 s_0 的波动幅度大；②断面 4 受洪湾水道和鹤州水道影响，各盐通量分量的变化规律与其他断面存在差异，在小潮期间，稳定剪切输送强度明显高于其上游断面 5 和下游断面 3；③下游断面的稳定剪切输送作用在小潮期间（1 月 19 日）达到最强，而上游断面则在中潮期间（1 月 21 日）达到最强，从下游段至上游强度逐渐减小；④下游断面的潮汐震荡输送作用，在一个月的两个半月周期内都是大潮后期达到最大，但上游断面则在后半月的小潮期间出现最大，同时从下游至上游强度逐渐减小；⑤ F_S 的大小和变化幅度在上游断面要比下游断面小，下游断面的盐量输运在大多数时间内都处于非平衡状态，而上游断面在前半月周期和后半月周期内的大潮后期，日平均盐通量 F_S 为零，表明断面的盐量输运处于平衡状态。

5.4　盐通量机制分析

本节在 5.3 节盐通量分解的基础上，继续深入研究盐通量三个分量的特性，探究这三个分量与磨刀门咸潮上溯特性之间的关联。各分量的比重计算公式如下：

平流输送比重：

$$|Q_f s_0|/(|Q_f s_0| + |F_E| + |F_T|) \tag{5.9}$$

稳定剪切输送比重：

$$|F_E|/(|Q_f s_0| + |F_E| + |F_T|) \tag{5.10}$$

潮汐震荡输送比重：

$$|F_T|/(|Q_f s_0| + |F_E| + |F_T|) \tag{5.11}$$

断面 1 至断面 6 的盐通量分量比重变化过程如图 5.15 至图 5.20。由图 5.15 可知，断面 1 处，进入小潮阶段，稳定剪切输送引起的盐通量比重迅速增加，在小潮后期达到最大，且明显大于平流输送和潮汐震荡输送的盐通量比重，随后进入中潮阶段，所占比重逐渐减少，大潮期间及大潮随后的中潮期间，稳定剪切输送引起的比重均较小。此外，一个月内的后半月周期，即 1 月 17 日至 1 月 31 日期间，稳定剪切输送引起的盐通量比重高于前半月周期，即 1 月 6 日至 1 月 16 日期间，形成这种差异的主要原因是一个月内的两个完整的半月周期的外海潮差不同，前半月潮潮差较大，后半月潮差较小。平流输送引起的盐通量比重在小潮期间最小，进入中潮阶段，所占比重逐渐增大，在前半月周期（1 月 6—16 日）的大潮后期达到最大，在后半月周期（1 月 17—31 日）的中潮后期达到最大；潮汐震荡输送引起的盐通量比重在小潮期间最小，随着潮差变大，盐通量比重逐渐增大，在大潮期间最大，潮汐震荡输送引起的盐通量比重规律在一个月的两个半月周期内基本相同，无明显差异。

由图 5.16 可知，断面 2 处，盐通量三个分量所占比重的变化规律与断面 1 相同。相比断面 1，平流输送所占的盐通量比重明显减少。

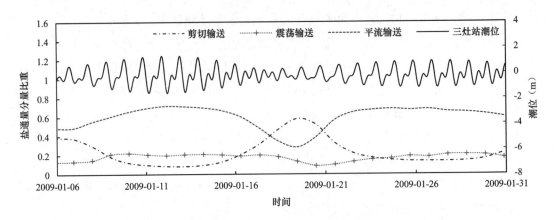

图 5.15　断面 1 盐通量分量比重过程

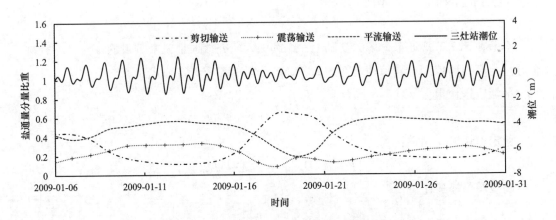

图 5.16　断面 2 盐通量分量比重过程

由图 5.17 可知，断面 3 处，盐通量三个分量所占比重的变化规律与断面 2 基本相同。相比于断面 2，小潮期间，稳定剪切输送所占盐通量比重明显减小，最大值由 0.64 降至 0.44，而潮汐震荡输送所占比重有明显增加，最大值由 0.08 增大到 0.34。

由图 5.18 可知，断面 4 处，进入小潮阶段，稳定剪切输送的盐通量比重迅速增加，在小潮后期达到最大，并在中潮仍维持较高的比重，与断面 3 处规律相同；而潮汐震荡输送的盐通量比重在小潮及小潮之后的中潮期间比断面 3 处明显变小；平流输送引起的盐通量比重在小潮期间明显高于断面 3。

由图 5.19 可知，断面 5 稳定剪切输送的盐通量比重较断面 4 明显小，小潮期间的最大值由 0.51 降至 0.3，在大潮期间稳定剪切输送的盐通量比重几乎为 0，稳定剪切作用可以忽略；潮汐震荡输送的盐通量比重从小潮期间开始减少，中潮期间达到最小；在小潮期间平流输送的盐通量比重大于稳定剪切和潮汐震荡输送的盐通量比重，与断面 4 有差异。

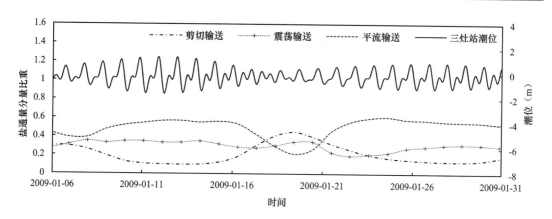

图 5.17 断面 3 盐通量分量比重过程

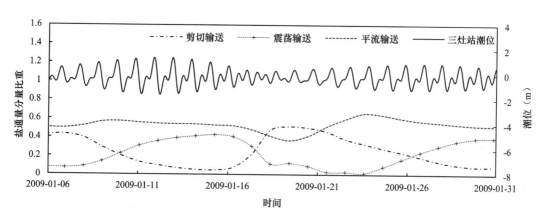

图 5.18 断面 4 盐通量分量比重过程

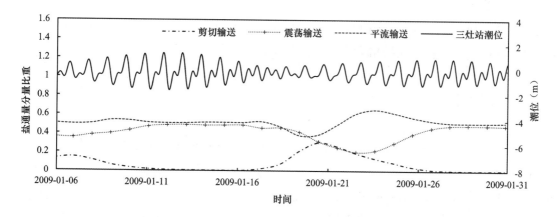

图 5.19 断面 5 盐通量分量比重过程

由图 5.20 可知,断面 6 处,稳定剪切输送、潮汐震荡输送和平流输送的盐通量比重与断面 5 处规律相同,在小潮期间,稳定剪切输送的盐通量比重进一步减小。

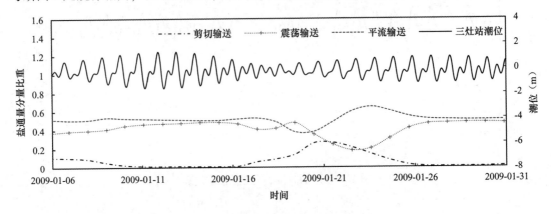

图 5.20　断面 6 盐通量分量比重过程

通过以上分析可知,从断面 1 至断面 6,稳定剪切输送引起的盐通量比重变化均有如下规律:小潮期间,其盐通量比重迅速增大,在小潮后期达到最大,并在随后的中潮前期维持着较高的比重,在中潮后期,所占比重逐渐减少,大潮期间及大潮随后的中潮期间,稳定剪切输送引起的比重均较小。潮汐震荡输送在断面 1 至断面 4 范围内,在小潮和中潮阶段明显小于稳定剪切输送和平流输送,因此,在断面 1 至断面 4 范围内,稳定剪切作用是小潮期间促进咸潮上溯的主要动力。

磨刀门水道在中潮期间咸潮上溯最严重,是因为小潮期间磨刀门水道拦门沙至洪湾水道段底部积聚高盐水,到了中潮期间,积聚的高浓度盐水团逐渐掺混,随着涨潮流往上游输送,使得咸潮上溯距离达到峰值。稳定剪切输送是小潮期间促进咸潮上溯的主要动力,由于稳定剪切输送作用能够使小潮期间水道底部积聚高浓度盐水,将盐水输送至更远的上游位置;而到中潮后期,稳定剪切输送作用迅速变小,水道底部盐水在平流输送的作用下被冲出河口,咸潮上溯的距离减小。

5.5　本章小结

本章详细分析了磨刀门水道盐度的时空变化特征、水道纵剖面盐度分布特征;基于 Lerczak 等[85] 提出的盐通量分解方法,对磨刀门水道典型断面的盐度通量进行分解,探究磨刀门水道咸潮上溯的动力机制,主要结论如下:

(1) 小潮—中潮—大潮—中潮的半月潮周期内,磨刀门水道下游段的表、底层盐度最大值均出现在大潮前期;中游段的底层盐度峰值出现在中潮前期,而表层盐度峰值出现在中潮后期;上游段的表、底层盐度最大值均出现在中潮期间。总体而言,磨刀门水道咸潮上溯峰值出现在小潮之后的中潮。

（2）半月周期内的纵断面盐度分布表明，小潮期间，磨刀门水道盐水处于高度分层状态，水道内表层浓度较低，但底层积蓄着浓度较高的盐水，咸潮上溯距离较小；中潮期间，随着潮差逐渐增大，垂向混合逐渐增强，磨刀门水道内盐水基本处于缓混合状态，底层积蓄的盐分逐渐掺混至表层，水道内盐水浓度明显变高，咸潮上溯距离在整个半月周期内达到最远，在落急时刻达到峰值；大潮期间，盐水混合继续加强，一个潮周期内水道内盐度浓度变化剧烈，咸潮上溯距离比中潮期间有所减小，但大于小潮期间的入侵距离。

（3）在小潮期间，稳定剪切作用向陆盐度输送，超过平流输运的向海盐度输运，总盐通量为负，盐量在河道里累积；随着潮差的增大，稳定剪切作用逐渐减小，而平流输送作用和潮汐震荡作用逐渐增大，在小潮转大潮的中潮阶段，总盐通量由负转正，河道内部的日平均盐度达到最大，咸潮上溯距离最远，潮周期平均最大咸潮上溯距离为 33 km，位于灯笼山向上 9 km 处；在大潮期间，向陆的潮汐震荡和稳定剪切的盐度输送小于向海的平流输送，所以总盐度通量向海输送，盐被冲出河口。

（4）平流输送 $Q_f s_0$ 的大小和变化幅度在上游断面要比口门附近的断面小，这是因为在口门附近受潮汐波动影响，断面平均流速 u_0 和断面平均盐度 s_0 的波动幅度大；下游断面的稳定剪切输送 F_E 在小潮期间（1月19日）达到最强，而上游断面则在中潮期间（1月21日）达到最强，从下游段至上游强度逐渐减小；下游断面的潮汐震荡输送 F_T，在一个月的两个半月周期内都是大潮后期达到最大，但上游断面则在后半月的小潮期间出现最大，同时从下游至上游强度逐渐减小。

（5）稳定剪切输送是小潮期间促进咸潮上溯的主要动力，小潮期间其盐通量比重快速增大，超过平流输送的盐通量比重，使得小潮期间水道底部积聚高浓度盐水，将盐水输送至更远的上游位置；到了中潮后期，稳定剪切输送的盐通量比重逐渐减少，而平流输送所占比重逐渐增大，水道底部盐水在平流输送的作用下被冲出河口，咸潮上溯距离逐渐减小。可见，稳定剪切输送是形成磨刀门独特咸潮上溯特性的主要因素。

第6章 磨刀门河口盐淡水混合与层化机制研究

河口盐淡水的混合与层化过程对咸潮上溯过程具有重要影响。磨刀门河口盐度在小潮期间分层明显，中潮期间，随着潮差逐渐增大，垂向混合逐渐增强，盐水基本处于缓混合状态，而在大潮期间，盐淡水混合程度继续加强。本章基于水体势能差异理论，分析磨刀门河口混合与层化的特征及物理机制，并探讨水体势能差异理论在磨刀门河口研究中的适用性。

6.1 水体层化分析方法

河口水体垂向上混合与层化的变化过程，从能量角度而言，体现的是势能与动能相互转化的过程，而势能差异理论则是研究这一重要物理过程的有效途径。

1981 年，Simpson[86] 提出了水体"势能差异"的计算公式如下。

$$\varphi = \frac{1}{D} \int_{-H}^{\eta} gz[\bar{\rho} - \rho(z)] \mathrm{d}z; \quad \bar{\rho} = \frac{1}{D} \int_{-H}^{\eta} \rho(z) \mathrm{d}z \tag{6.1}$$

式中，$\rho(z)$ 为垂向密度分布（$\mathrm{kg/m^3}$）；H 为平均水深（m）；η 为水表面水位（m）；$D = H + \eta$，为实际水深（m）；$\bar{\rho}$ 为水深平均的密度（$\mathrm{kg/m^3}$）；g 为重力加速度，取 $9.81\ \mathrm{m/s^2}$。势能差异 φ 在物理上表示将一定密度层化的水体瞬间混合均匀所需要的能量，φ 等于 0 表示完全混合，大于 0 表示稳定层化，小于 0 表示不稳定层化，因此可用势能 φ 来表示水体层化的程度。

基于 Simpson 等[87] 的势能差异理论，从势温度和盐度的动力方程、连续方程和海水状态方程出发，通过状态变量的雷诺平均假设和 Boussinesq 近似，Burchard 和 Hofmeister[88] 推导出了更为完整的三维势能差异变化方程。即

$$\partial_t \varphi = \underbrace{-\nabla_h(\bar{u}\varphi)}_{\varphi - \text{平流}} + \underbrace{\frac{g}{D}\nabla_h\bar{\rho} \cdot \int_{-H}^{\eta} z \cdot \tilde{u}\mathrm{d}z}_{\text{水深}-\text{平均应变}} - \underbrace{\frac{g}{D}\int_{-H}^{\eta}(\eta - \frac{D}{2} - z)\tilde{u} \cdot \nabla_h\tilde{\rho}\mathrm{d}z}_{\text{非平均应变}}$$

$$\underbrace{- \frac{g}{D}\int_{-H}^{\eta}(\eta - \frac{D}{2} - z)\tilde{\omega}\partial_z\tilde{\rho}\mathrm{d}z}_{\text{垂向平流}} + \underbrace{\frac{\rho_0}{D}\int_{-H}^{\eta}P_b\mathrm{d}z}_{\text{垂向混合}} - \underbrace{\frac{\rho_0}{2}(P_b{}^s + P_b{}^b)}_{\text{表底层浮力通量}}$$

$$\underbrace{+ \frac{g}{D}\int_{-H}^{\eta}(\eta - \frac{D}{2} - z)Q\mathrm{d}z}_{\text{势密度的源或汇}} + \underbrace{\frac{g}{D}\int_{-H}^{\eta}(\eta - \frac{D}{2} - z)\nabla_h(K_h\nabla_h\rho)\mathrm{d}z}_{\text{湍流水平向扩散}} \tag{6.2}$$

式中，u 为水平速度矢量，$\bar{u}$ 是水深平均的水平速度矢量，$\bar{u} = \dfrac{1}{D} \displaystyle\int_{-H}^{\eta} u \mathrm{d}z$，$\tilde{u} = u - \bar{u}$；$\tilde{\rho} = \rho - \bar{\rho}$；

ω 为垂向速度，$\bar{\omega}$ 为水深平均的垂向速度，$\bar{\omega} = \dfrac{1}{D} \displaystyle\int_{-H}^{\eta} \omega \mathrm{d}z$，$\tilde{\omega} = \omega - \bar{\omega}$；$\rho_0$ 为淡水密度，取

$1\,000\ \mathrm{kg/m^3}$；P_b 为垂向浮力通量，$P_b = \dfrac{g}{\rho_0} K_v \partial_z \rho$；$K_v$ 为垂向扩散系数，K_h 为水平扩散系数。

　　河口的层化主要受潮汐应变和潮汐混合之间的竞争机制控制[87]。根据势能异常的定义，φ_t 为正，表示层化增强。需要指出的是，本章仅选取式（6.2）中的平流项、平均应变项和垂向混合项进行简化计算，并比较这五项的相对大小，从而判断这五个主要物理机制对磨刀门咸潮层化的贡献率。

$$\partial_t \varphi = \underbrace{\frac{g}{D} \int_{-H}^{\eta} \bar{u} \frac{\partial \tilde{\rho}}{\partial x} z \mathrm{d}z}_{\text{纵向平流}} + \underbrace{\frac{g}{D} \int_{-H}^{\eta} \bar{v} \frac{\partial \tilde{\rho}}{\partial y} z \mathrm{d}z}_{\text{横向平流}} + \underbrace{\frac{g}{D} \frac{\partial \bar{\rho}}{\partial x} \int_{-H}^{\eta} (u - \bar{u}) z \mathrm{d}z}_{\text{纵向水深平均应变}} + \underbrace{\frac{g}{D} \frac{\partial \bar{\rho}}{\partial y} \int_{-H}^{\eta} (v - \bar{v}) z \mathrm{d}z}_{\text{横向水深平均应变}}$$

$$+ \underbrace{\frac{g}{D} \int_{-H}^{\eta} K_v \frac{\partial \rho}{\partial z} \mathrm{d}z}_{\text{垂向混合}} + \cdots \tag{6.3}$$

6.2　磨刀门混合与层化的半月周期变化特征

　　根据式（6.1）计算了磨刀门水道小、中、大潮潮平均的势能差异空间分布，以初步认识该水道 2009 年枯季混合与层化随空间以及小、中、大潮变化的基本特征（如图 6.1）。

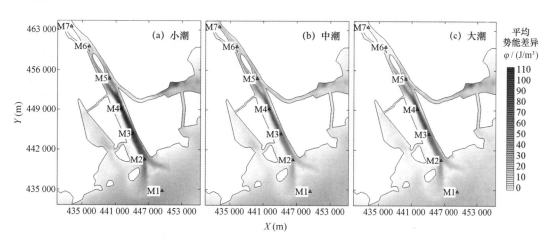

图 6.1　模拟的磨刀门 2009 年枯季小潮、中潮和大潮的潮平均势能差异分布

　　小潮期间，磨刀门水道拦门沙至挂定角段的平均势能差异明显高于中潮和大潮，高势能差异水域较之中潮、大潮也明显扩大。水体层化的空间范围从 M6 测量点向下游一直延

129

伸至拦门沙以外的海域。M5 至 M3 测量点的水体平均势能差异约为 110 J/m³，M6 至 M5 点的水体平均势能差异约为 40 J/m³，外海区域水体平均势能差异约为 30 J/m³。此外，水道西岸浅滩水体的平均势能差异约为 0 J/m³，几乎处于完全混合的状态。

中潮期间，磨刀门水道的平均势能差异明显低于小潮和大潮，其总体层化较弱，较强的层化主要出现在拦门沙至挂定段。层化的空间范围从 M7 测量点一直向下游延伸至拦门沙。M3 至 M5 段水体的平均势能差异约为 70 J/m³，M3 至拦门沙段水体的平均势能差异约为 50 J/m³，M7 至 M5 测量点的水体平均势能差异约为 30 J/m³。

大潮期间，磨刀门水道的平均势能差异较小，其总体层化较弱，但较中潮较强。较强的层化主要仍出现在拦门沙至挂定角段。层化的空间范围从 M6 测量点一直向下游延伸至拦门沙。M5 至 M3 段水体的平均势能差异约为 80 J/m³，M3 至拦门沙段水体的平均势能差异约为 57 J/m³，M6 至 M5 测量点的水体平均势能差异约为47 J/m³。

由此可见，磨刀门水道 2009 年枯季水体混合与层化的半月潮变化特征：空间上，挂定角至拦门沙段深槽区域水体的层化始终较为明显，而浅滩区域的水体几乎一直处于较好的混合状态；时间上，小潮期间的水体层化强度明显高于中潮和大潮，中潮期间水体层化强度最弱，但层化的范围向上游延伸。

6.3 磨刀门混合与层化的空间特征

为了初步了解磨刀门水道 2009 年枯季混合与层化相关的物理机制的空间特征，分别选取小潮、中潮和大潮的涨急、落急时刻，根据式（6.3）计算纵向平流（Advx）、纵向水深平均应变（Sx）及垂向混合（Mixing）引起的势能差异变化率在磨刀门水道的空间分布（图 6.2 至图 6.4）。从上节可知，挂定角至拦门沙段的层化始终较为明显，同时此段平直的地势也符合"三维势能差异变化方程"的要求，为保证结果具有较高的可靠性，此处只考虑挂定角至拦门沙段的势能差异变化率的空间特征。对于纵向平流，若纵向平流小于 0，则纵向平流使 φ 随时间减小，从而促进水体混合；若纵向平流大于 0，则纵向平流使 φ 随时间增大，从而促进水体层化。对于纵向水深平均应变和垂向混合也是如此。

小潮期间（图 6.2），涨急时刻，纵向平流在磨刀门的挂定角至拦门沙段始终为负值，驱动水体混合，驱动东岸深槽的混合能力明显大于西岸浅滩；落急时刻，纵向平流在东岸深槽处为正值，驱动水体层化，在西岸浅滩处为负值，驱动水体混合；纵向水深平均应变在涨急和落急时刻均表现为驱动东岸深槽水体层化，驱动西岸浅滩水体混合；垂向混合则在涨急和落急时刻均表现驱动水体混合，其中，在涨急时刻驱动深槽水体混合能力强，在落急时刻则是驱动浅滩水体混合能力强。

中潮期间（图 6.3），纵向平流引起的水体层化与混合规律与小潮期间基本相同，在

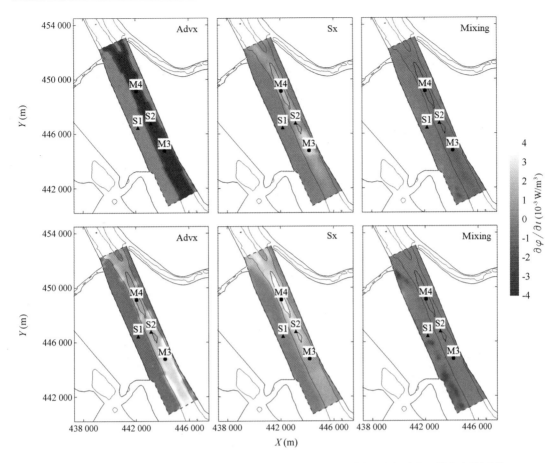

图 6.2　模拟的磨刀门枯季小潮涨急（上）、落急（下）时刻的纵向平流、纵向水深平均
应变和垂向混合引起的势能差异变化率分布

涨急时刻驱动水体混合，在落急时刻，驱动东岸深槽水体层化，驱动西岸浅滩水体混合；
纵向水深平均应变在涨急时刻，在磨刀门在挂定角至拦门沙段始终为负值，驱动水体混
合，在落急时刻驱动东岸深槽水体层化；垂向混合引起的水体层化与混合规律也与小潮期
间基本相同，在涨急和落急时刻均表现驱动水体混合，其中，在涨急时刻驱动深槽水体混
合能力强，在落急时刻则是驱动浅滩水体混合能力强。

　　大潮期间（图 6.4），纵向平流引起的水体层化与混合规律与中潮期间基本相同，在
涨急时刻驱动水体混合，在落急时刻，驱动东岸深槽水体层化；纵向水深平均应变引起的
水体层化与混合规律与中潮期间基本相同，在涨急时刻驱动水体混合，在落急时刻，驱动
东岸深槽水体层化；垂向混合引起的水体层化与混合规律也与中潮期间基本相同，在涨急
和落急时刻均表现驱动水体混合。

　　由此可见，无论涨急还是落急时刻，垂向混合引起的势能差异变化率始终驱动水体混
合，且在涨急时刻驱动深槽水体混合能力强，在落急时刻则是驱动浅滩水体混合能力强，

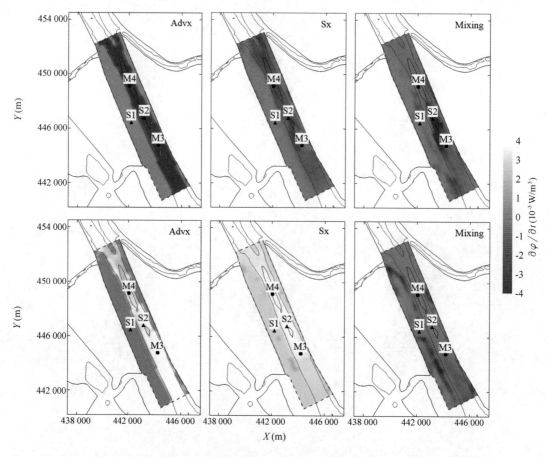

图 6.3　模拟的磨刀门枯季中潮涨急（上）、落急（下）时刻的纵向平流、纵向水深
平均应变和垂向混合引起的势能差异变化率分布

从小潮到大潮呈逐渐增大的趋势；在涨急时刻，纵向平流、纵向水深平均应变引起的势能
差异变化率主要驱动深槽区域水体的混合，在落急时刻，纵向平流、纵向水深平均应变主
要驱动深槽区域水体的层化；值得特别注意的是，在小潮期间，纵向水深平均应变在涨急
时刻驱动深槽水体层化，这可能是造成小潮期间的水体层化强度明显高于中潮和大潮的
原因。

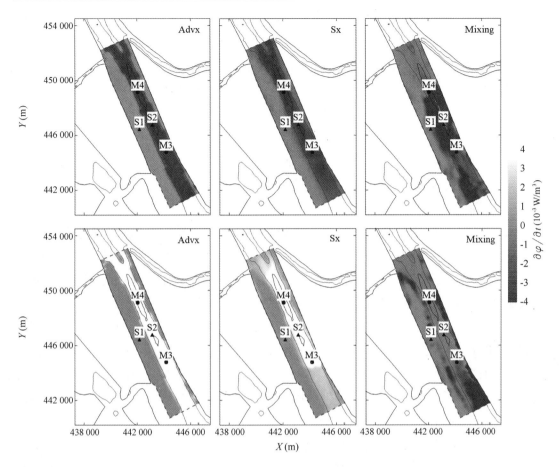

图 6.4　模拟的磨刀门枯季大潮涨急（上）、落急（下）时刻的纵向平流、纵向水深
平均应变和垂向混合引起的势能差异变化率分布

6.4　磨刀门深槽与浅滩混合与层化的机制差异

以上两节已就枯季磨刀门水道的空间层化特征以及挂定角至拦门沙段的纵向平流、纵向水深平均应变、垂向混合引起的势能差异变化率的空间分布规律进行了探究，从而初步认识了该水域混合与层化及相关物理机制随空间和大小潮的变化情况。在此基础上，本节为了研究磨刀门深槽与浅滩的咸淡水混合的差异，在磨刀门水道同一断面上选取两个点，分别位于深槽及浅滩上，具体位置如图 6.2 所示，其中 S1 点为浅滩，S2 点为深槽，对深槽与浅滩混合与层化特征及其物理机制展开深入研究。

6.4.1　浅滩 S1

磨刀门水道浅滩 S1 点的水深、纵向水深平均流速、纵向平流、横向平流、纵向水深平均应变、横向水深平均应变、垂向混合、总的势能差异变化率以及势能差异等参数的时间序列如图6.5，包括了小潮（2009年1月18—19日）、中潮（2009年1月22—23日）、大潮（2009年1月26—27日）三个时段。

图6.5（a）显示，S1点小潮时最小水深为1.9 m，最大水深为2.9 m；大潮时最小水深为1.5 m，最大水深为3.4 m，小潮至大潮的平均水深为2.4 m。该站沿河道水深平均流速如图6.5（b），其小潮的涨急平均流速为0.13 m/s，落急平均流速为0.21 m/s，其中潮的涨急平均流速为0.21 m/s，落急平均流速为0.31 m/s，其大潮的涨急平均流速为0.31 m/s，落急平均流速为0.39 m/s，大潮时的流速明显增强。对比图6.5（a）和6.5（b），从小潮至大潮，涨急、落急时刻基本出现在高潮位、低潮位之前1~2 h。

图6.5（c）显示，小潮期间，横向平流引起的势能差异变化率最大值为8.6×10^{-3} W/m^3，最小值为-4.7×10^{-3} W/m^3，其涨、落潮平均值分别为2.5×10^{-3} W/m^3、0.1×10^{-3} W/m^3，在涨、落潮时均促进层化；中潮期间，横向平流（Advy）引起的势能差异变化率最大值为4.5×10^{-3} W/m^3，最小值为-9.6×10^{-3} W/m^3，其涨、落潮平均值分别为2.0×10^{-3} W/m^3、-1.0×10^{-3} W/m^3，在涨潮时促进层化，在落潮时促进混合；大潮期间，纵向平流引起的势能差异变化率最大值为5.4×10^{-3} W/m^3，最小值为-9.2×10^{-3} W/m^3，其涨、落潮平均值分别为2.2×10^{-3} W/m^3、-1.3×10^{-3} W/m^3，仍是在涨潮时促进层化，在落潮时促进混合。纵向平流引起的势能差异变化率比横向平流引起的势能差异变化率小1个量级（10^1）左右，在涨潮时促进层化，落潮时促进混合。

图6.5（d）显示，垂向混合引起的势能差异变化率从小潮到大潮呈逐渐增大的趋势，其中，小潮期间的最小值为-0.3×10^{-3} W/m^3，平均值为-0.1×10^{-3} W/m^3；中潮期间的最小值为-3.8×10^{-3} W/m^3，平均值为-0.5×10^{-3} W/m^3；大潮期间的最小值为-20.0×10^{-3} W/m^3，平均值为-2.4×10^{-3} W/m^3，促进水体混合。横向水深平均应变（Sy）引起的势能差异变化率数值较小，主要促进水体混合，只在涨急时刻出现正值，促进水体层化。纵向水深平均应变引起的势能差异变化率数值很小，可以忽略不计。图6.5（e）显示，S1点总的势能差异变化率在小潮阶段主要受横向平流的控制，涨潮水体层化，落潮水体混合；在中潮与大潮阶段主要受垂向混合的控制，水体基本处于混合状态。

图6.5（f）显示，S1点小潮时的总势能差异最大，其值始终高于12.0 J/m^3，并处于高位波动，最大可达31.3 J/m^3，水体呈较为明显的层化状态，其平均势能差异约为20.3 J/m^3；中潮的势能差异有所减小，最小值为3.1 J/m^3，最大值可达20.5 J/m^3，其平均势能差异约为12.1 J/m^3；大潮的势能差异波动最大，最小为3.5 J/m^3，最大可达28.7 J/m^3，其平均势能差异约为13.7 J/m^3，S1点中潮至大潮，水体呈弱混合与弱层化的交替变化。由此可见，S1点的层化强度就半月潮周期而言，中潮期间最小，小潮期间最大，大潮期间略大于中潮期间；此外就各潮周期而言，势能差异还存在明显的周期性波动，从小潮到大潮，高的势能差异均出现在涨潮期间，而低的势能差异均出现在落潮期间。

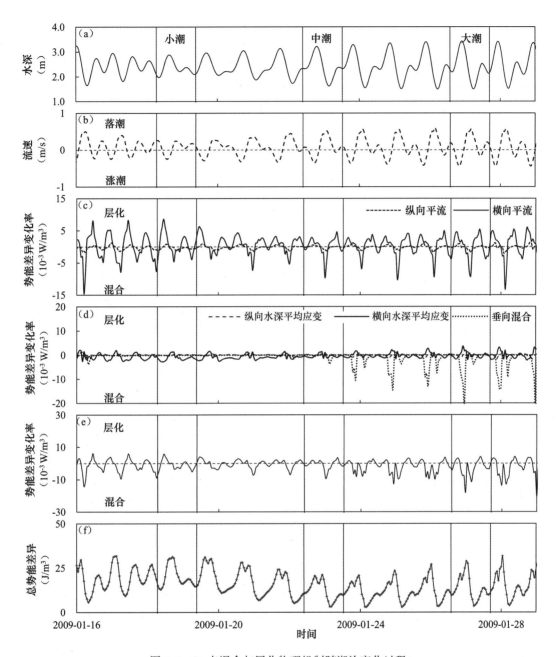

图 6.5　S1 点混合与层化物理机制随潮汐变化过程

（a）水深；（b）纵向水深平均流速；（c）纵向平流、横向平流引起的势能差异变化率；（d）纵向水深平均应变、横向水深平均应变和垂向混合引起的势能差异变化率；（e）总势能差异变化率；（f）总势能差异。

　　图 6.6 给出了 S1 点日潮平均势能差异变化率变化过程，图 6.6（b）显示，日潮平均垂直混合引起的势能差异变化率具有明显的半月周期变化规律，从小潮至大潮呈逐渐增大，且垂直混合引起的势能差异变化率始终为负值，加强水体混合；日潮平均横向水深平

均应变引起的势能差异变化率从小潮至大潮呈逐渐减小，半月周期内始终为负值，促进河口水体的混合；日潮平均横向平流引起的势能差异变化率在小潮和中潮时促进水体层化，日潮平均纵向平流引起的势能差异变化率和纵向水深平均应变数值很小，可以忽略不计。图 6.6（c）显示日潮平均总势能差异变化率从小潮至大潮总体呈下降的趋势，数值皆为负数，表明浅滩 S1 点水体一直处于混合状态；比较图 6.5（b）和图 6.5（c）可以发现，横向平流、横向水深平均应变和垂向混合是影响浅滩势能差异变化率的主要因素，同时总势能差异变化率与垂向混合数值相当，具有相似变化趋势；小潮期间，外海潮汐强度弱，上游径流量小，纵向平流起主导作用，水体呈弱混合；中潮至大潮期间，垂向混合作用增强，水体混合持续加强。

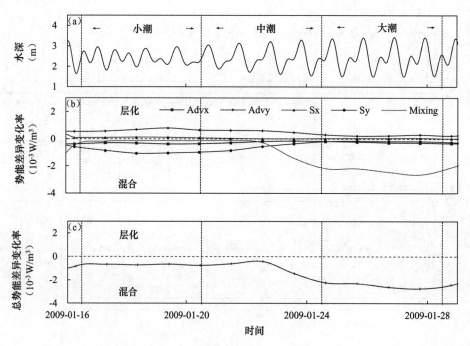

图 6.6　S1 点日潮平均势能差异变化率变化过程

（a）水深；（b）纵向平流、横向平流、纵向水深平均应变、横向水深平均应变和垂向混合引起的潮平均势能差异变化率；（c）潮平均总势能差异变化率。

6.4.2　深槽 S2

磨刀门水道深槽 S2 点的水深、纵向水深平均流速、纵向平流、横向平流、纵向水深平均应变、横向水深平均应变、垂向混合、总的势能差异变化率以及总势能差异等参数的时间序列如图 6.7，包括了小潮（2009 年 1 月 18—19 日）、中潮（2009 年 1 月 22—23 日）、大潮（2009 年 1 月 26—27 日）三个时段。

图 6.7（a）显示，S2 点小潮时最小水深为 9.4 m，最大水深为 10.3 m，大潮时最小

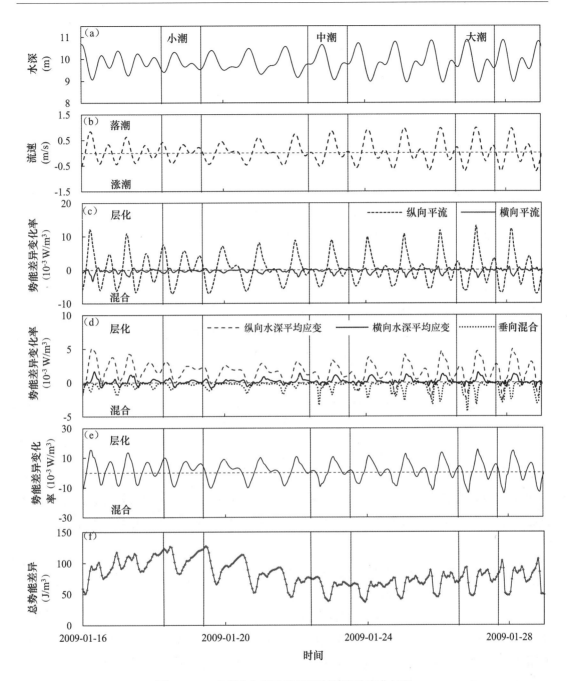

图 6.7　S2 点混合与层化物理机制随潮汐变化过程

（a）水深；（b）纵向水深平均流速；（c）纵向平流、纵向平流引起的势能差异变化率；（d）纵向水深平均应变、横向水深平均应变和垂向混合引起的势能差异变化率；（e）总势能差异变化率；（f）总势能差异。

水深为 9.1 m，最大水深为 10.8 m，小潮至大潮的平均水深为 9.8 m。该站沿河道水深平均流速如图 6.7（b），其小潮的涨急平均流速为 0.21 m/s，落急平均流速为 0.27 m/s，其中潮的涨急平均流速为 0.34 m/s，落急平均流速为 0.42 m/s，其大潮的涨急平均流速为 0.53 m/s，落急平均流速为 0.62 m/s，大潮时的流速明显增强。对比图 6.7（a）和 6.7（b），从小潮至大潮，涨急、落急时刻基本出现在高潮位、低潮位之前 1~2 h。

图 6.7（c）显示，纵向平流引起的势能差异变化率从小潮到大潮总体呈上升的趋势，具有非常明显的周期特征。小潮期间，纵向平流引起的势能差异变化率最大值为 $6.7×10^{-3}$ W/m^3，最小值为 $-7.0×10^{-3}$ W/m^3，其涨、落潮平均值分别为 $-3.8×10^{-3}$ W/m^3、$3.3×10^{-3}$ W/m^3，在涨潮时促进混合，在落潮时促进层化；中潮期间，纵向平流引起的势能差异变化率最大值为 $8.8×10^{-3}$ W/m^3，最小值为 $-5.0×10^{-3}$ W/m^3，其涨、落潮平均值分别为 $-2.3×10^{-3}$ W/m^3、$3.6×10^{-3}$ W/m^3，仍是在涨潮时促进混合，在落潮时促进层化；大潮期间，纵向平流引起的势能差异变化率最大值为 $13.2×10^{-3}$ W/m^3，最小值为 $-6.2×10^{-3}$ W/m^3，其涨、落潮平均值分别为 $-3.4×10^{-3}$ W/m^3、$4.5×10^{-3}$ W/m^3，在涨潮时促进混合，在落潮时促进层化。横向平流引起的势能差异变化率比纵向平流引起的势能差异变化率小 1 个量级（10^1）左右，主要促进水体混合。

图 6.7（d）显示，纵向水深平均应变引起的势能差异变化率在小潮期间最大值为 $2.9×10^{-3}$ W/m^3，最小值为 $0×10^{-3}$ W/m^3，其涨、落潮平均值分别为 $1.0×10^{-3}$ W/m^3、$2.1×10^{-3}$ W/m^3，在涨、落潮时均促进层化；中潮期间，纵向水深平均应变引起的势能差异变化率最大值为 $3.1×10^{-3}$ W/m^3，最小值为 $-0.9×10^{-3}$ W/m^3，其涨、落潮平均值分别为 $0.4×10^{-3}$ W/m^3、$1.9×10^{-3}$ W/m^3，在涨、落潮时也均促进层化；大潮期间，纵向水深平均应变引起的势能差异变化率最大值为 $4.4×10^{-3}$ W/m^3，最小值为 $-2.5×10^{-3}$ W/m^3，其涨、落潮平均值分别为 $0.2×10^{-3}$ W/m^3、$2.5×10^{-3}$ W/m^3，涨、落潮时均促进层化。横向水深平均应变引起的势能差异变化率从小潮到大潮总体呈逐渐上升的趋势，数值较小，主要促进水体层化。垂向混合引起的势能差异变化率从小潮到大潮呈逐渐增大的趋势，其中，小潮期间的最小值为 $-1.0×10^{-3}$ W/m^3，平均值为 $-0.3×10^{-3}$ W/m^3；中潮期间的最小值为 $-3.3×10^{-3}$ W/m^3，平均值为 $-0.5×10^{-3}$ W/m^3；大潮期间的最小值为 $-4.3×10^{-3}$ W/m^3，平均值为 $-0.9×10^{-3}$ W/m^3，促进水体混合。

图 6.7（e）显示，S2 点的总势能差异变化率具有明显的涨、落潮变化特征，在涨潮时促进水体混合，在落潮时促进水体层化，与纵向平流引起的势能差异变化率具有相似的变化趋势。在小潮期间最大值为 $9.8×10^{-3}$ W/m^3，最小值为 $-9.3×10^{-3}$ W/m^3，其涨、落潮平均值分别为 $-3.8×10^{-3}$ W/m^3、$5.3×10^{-3}$ W/m^3；在中潮期间最大值为 $10.6×10^{-3}$ W/m^3，最小值为 $-9.2×10^{-3}$ W/m^3，其涨、落潮平均值分别为 $-2.6×10^{-3}$ W/m^3、$5.3×10^{-3}$ W/m^3；在大潮期间最大值为 $15.3×10^{-3}$ W/m^3，最小值为 $-13.4×10^{-3}$ W/m^3，其涨、落潮平均值分别为 $-4.8×10^{-3}$ W/m^3、$6.7×10^{-3}$ W/m^3。

图 6.7（f）显示，S2 点小潮时的总势能差异波动较大，最小为 79 J/m^3，最大可达 124 J/m^3，水体呈持续层化，其平均势能差异约为 104 J/m^3；中潮的总势能差异有所减小，

最小值为 35 J/m³, 最大值可达 66 J/m³, 水体仍呈持续层化, 其平均势能差异约为 59 J/m³; 大潮的总势能差异波动大, 最小为 43 J/m³, 最大可达 89 J/m³, 水体呈持续层化, 其平均势能差异约为 71 J/m³。由此可见, S2 点的层化强度就半月潮周期而言, 中潮期间最小, 小潮期间最大, 大潮期间略大于中潮期间; 此外, 就各潮周期而言, 总势能差异还存在明显的周期性波动, 从小潮到大潮, 高的势能差异均出现在落潮期间, 而低的势能差异均出现在涨潮期间。

图 6.8 给出了 S2 点日潮平均势能差异变化率变化过程, 图 6.8（b）显示日潮平均纵向水深平均应变引起的势能差异变化率在中潮期间最小, 小潮期间最大, 大潮期间略大于中潮期间, 半月周期内始终为正值, 促进河口水体的层化; 日潮平均纵向水深引起的势能差异变化率和垂向混合引起的势能差异变化率具有明显的半月周期变化规律, 从小潮至大潮呈逐渐增大趋势, 纵向水深引起的势能差异变化率始终为正值, 驱动水体的层化, 垂向混合引起的势能差异变化率始终为负值, 加强水体混合; 日潮平均横向水深引起的势能差异变化率和横向水深平均应变引起的势能差异变化率数值较小, 半月周期变化幅度不大, 其中, 横向水深引起的势能差异变化率促进水体混合, 横向水深平均应变引起的势能差异变化率促进水体层化。图 6.8（c）显示日潮平均总势能差异变化率在中潮期间最小, 小潮期间最大, 大潮期间略大于中潮期间; 比较图 6.8（b）和图 6.8（c）可以发现, 纵向平流、纵向水深平均应变和垂向混合是影响深槽势能差异变化率的主要因素, 同时总势能差异变化率与纵向水深平均应变引起的潮平均势能差异变化率数值相当, 具有相似变化趋势; 小潮期间, 外海潮汐强度弱, 上游径流量小, 纵向水深平均应变引起的潮平均势能差异变化率起主导作用, 水体层化强度大; 中潮时纵向平流层化作用加强的同时, 垂向混合作用也相应地增加, 两者相抵消, 且纵向水深平均应变层化作用减小, 所以水体层化减弱; 大潮期间, 虽然垂向混合作用更加强烈, 但纵向平流和纵向水深平均应变的层化作用加强, 所以层化减弱的趋势并没有继续, 反而加强。

通过以上分析可得, 浅滩水深较小, 势能差异相对深槽小, 即表底层完全混合所需的能量较少, 从小潮到大潮, 深槽高的势能差异均出现在落潮期间, 而低的势能差异均出现在涨潮期间, 而浅滩则相反。纵向平流、纵向水深平均应变和垂向混合是影响深槽势能差异变化率的主要因素, 深槽总势能差异变化率与纵向水深平均应变数值相当, 具有相似变化趋势; 而横向平流、横向水深平均应变和垂向混合是影响浅滩势能差异变化率的主要因素, 浅滩总势能差异变化率与垂向混合数值相当, 具有相似变化趋势; 垂向混合对层化的影响, 深槽与浅滩具有相同的量级, 大潮期间浅滩垂向混合比深槽大, 小潮期间则相反, 深槽的垂向混合大。深槽总的势能差异变化率具有明显的涨、落潮变化特征, 在涨潮时促进水体混合, 在落潮时促进水体层化, 而浅滩则在涨潮时促进水体层化, 在落潮时促进水体混合。

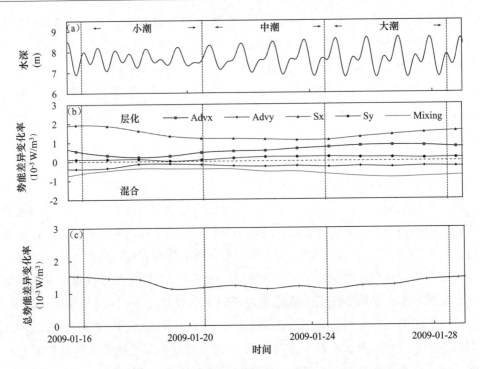

图 6.8 S2 点日潮平均势能差异变化率变化过程

（a）水深；（b）纵向平流、横向平流、纵向水深平均应变、横向水深平均应变和垂向混合引起的潮平均势能差异变化率；（c）潮平均总势能差异变化率。

6.5 本章小结

本章基于 Simpson[86] 提出的"势能差异"理论和 Burchard 等[88] 推导出的三维势能差异变化方程，从水体势能变化的角度出发，研究磨刀门水道混合与层化的时、空变化特征及各种物理机制，主要结论如下：

（1）磨刀门枯季水体混合与层化的半月潮变化特征：空间上，挂定角至拦门沙段深槽区域水体的层化始终较为明显，而浅滩区域的水体几乎一直处于较好的混合状态；时间上，小潮期间的水体层化强度明显高于中潮和大潮期间，中潮期间水体层化强度最弱，但层化的范围向上游延伸。

（2）垂向混合引起的势能差异变化率始终驱动水体混合，在涨急时刻驱动深槽水体混合能力强，在落急时刻则是驱动浅滩水体混合能力强，从小潮到大潮呈逐渐增大的趋势；纵向平流引起的势能差异变化率在涨急时刻主要驱动深槽区域水体的混合，在落急时刻主要驱动深槽区域水体的层化；值得特别注意的是，在小潮期间，纵向水深平均应变引起的势能差异变化率无论在涨急时刻还是落急时刻，均驱动深槽水体层化，这可能是造成小潮期间的水体层化强度明显高于中潮和大潮的原因。

（3）浅滩水深较小，势能差异相对深槽较小，从小潮到大潮，深槽高的势能差异均出现在落潮期间，而低的势能差异均出现在涨潮期间，而浅滩则相反；纵向平流、纵向水深平均应变和垂向混合是影响深槽势能差异变化率的主要因素，而横向平流、横向水深平均应变和垂向混合是影响浅滩势能差异变化率的主要因素；深槽总的势能差异变化率具有明显的涨、落潮变化特征，在涨潮时促进水体混合，在落潮时促进水体层化，而浅滩则在涨潮时促进水体层化，在落潮时促进水体混合。

第7章 复杂动力因素对咸潮上溯的影响机制分析

磨刀门河口的咸潮上溯受径流、潮流、风等的影响明显，为进一步揭示复杂动力因素对磨刀门水道咸潮上溯的影响机制，本章对上游径流、外海潮汐、风、海平面等影响因子进行敏感性试验，基于试验结果，利用断面盐通量分解方法对磨刀门水道咸潮上溯异常特性的动力成因进行分析。

7.1 上游径流的影响

径流是影响咸潮上溯最为敏感的因素之一，也是一定程度上可以受人为调控的因素。考虑不同径流对咸潮上溯的影响，本节在第 5 章建立的控制试验的基础上，设置径流量增大 50% 和减小 50% 的两种数值试验。初始条件、潮汐边界条件等均与第 5 章建立的数值模型相同，对比不同工况，讨论上游径流对磨刀门咸潮上溯的影响。

图 7.1 为径流减小条件下，小潮后中潮期涨停、落停时刻的纵断面盐度分布。径流量减小时，咸潮上溯距离增加，涨停时大横琴底层盐度约为 29，洪湾水道底层盐度约为 18，灯笼山底层盐度约为 11；落停时大横琴底层盐度约为 22，洪湾水道底层盐度约为 18，灯笼山底层盐度约为 8。

图 7.2 为径流增大条件下，小潮后中潮期涨停、落停时刻的纵断面盐度分布。径流量增大时，水道内的盐水浓度变小，咸潮上溯距离减小，涨停时大横琴底层盐度约为 26，洪湾水道底层盐度约为 9；落停时大横琴底层盐度约为 18，洪湾水道底层盐度约为 6。随着上游径流量的增加，水道内的盐水浓度变小，咸潮上溯距离减小，盐水混合强度减弱，盐水分层现象加强。

图 7.3 为径流减小条件下，断面 3 的盐通量分量过程，图 7.3（a）为三灶站水位过程线，从图 7.3（b）中可以看出，潮周期平均最大入侵距离发生在小潮之后的中潮，为 39.8 km，较控制试验增加约 6.8 km；在磨刀门主干的断面 3 处，净盐通量 F_S 在大小潮过程中发生了正负变化，小潮期间小于零，即该时段内外海盐水通过断面 3 向河道内输送；剪切输送 F_E 始终为负值，即稳定剪切作用向陆输送盐度，且在小潮期间稳定剪切作用强，在大潮期间稳定剪切作用明显减弱；F_T 引起的盐度输送始终为负值，可见潮汐震荡作用在断面 3 处向陆输送盐度；与控制试验相比，平流输送 $Q_f s_0$ 在小潮期间出现负值，即平流输送作用向陆输送盐度，这加剧了咸潮上溯的强度。

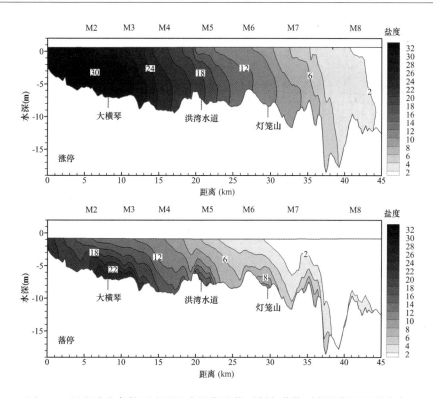

图 7.1　径流减小条件下小潮后中潮期涨停时刻与落停时刻纵断面盐度分布

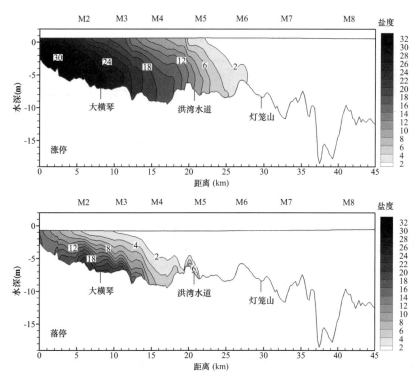

图 7.2　径流增大条件下小潮后中潮期涨停时刻与落停时刻纵断面盐度分布

143

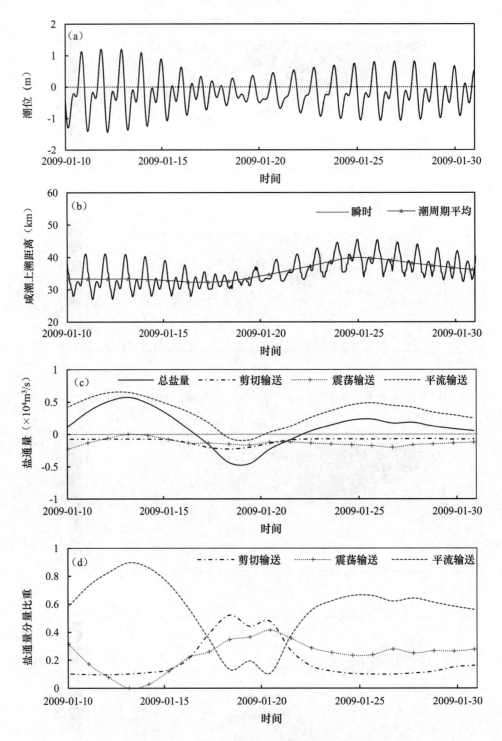

图 7.3　径流减小条件下盐通量分量过程

（a）三灶站水位；（b）咸潮上溯距离；（c）断面 3 的盐通量分量；（d）断面 3 盐通量分量比重。

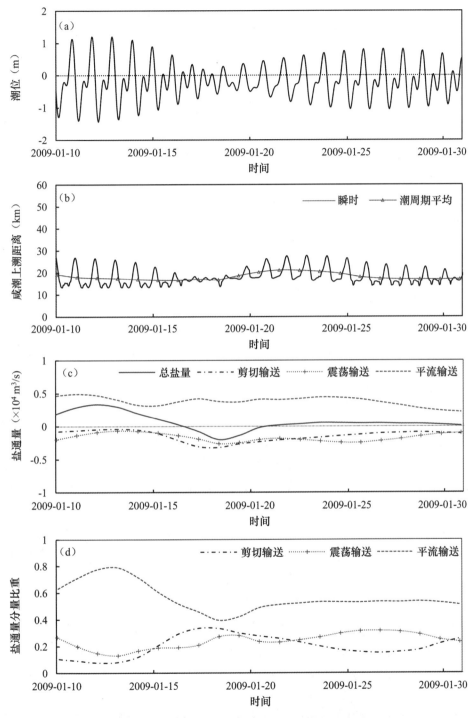

图 7.4　径流增大条件下盐通量分量过程

（a）三灶站水位；（b）咸潮上溯距离；（c）断面 3 的盐通量分量；（d）断面 3 盐通量分量比重。

图 7.4 为径流增大条件下，断面 3 的盐通量分量过程，在磨刀门主干的断面 3 处，各

分量的盐度输送规律与径流减小条件下基本相同，但平流输送 $Q_f s_0$ 始终为正值，抑制咸潮上溯；随着上游径流的增大，咸潮上溯距离减小，潮周期平均最大入侵距离发生在小潮之后的中潮，为 21.1 km，较控制试验减小约 11.9 km。

不同径流工况下咸潮上溯距离与盐通量比重变化如表 7.1，表中所列的盐通量比重为小潮期间（1 月 17—19 日）断面 3 的各盐通量比重平均值（下同），可以发现上游径流增加后，在小潮期间平流输送引起的盐通量比重增加，而稳定剪切输送和潮汐震荡输送引起的盐通量比重减小，表明径流量增加能够增强平流输送作用，减弱稳定剪切和潮汐震荡输送作用，有效地抑制咸潮上溯。

表 7.1   不同径流工况下咸潮上溯距离与盐通量比重变化

工况	竹银平均流量	咸潮上溯距离	盐通量比重		
	（m³/s）	（km）	平流输送	剪切输送	震荡输送
减小 50%	400	39.8	0.11	0.48	0.41
不变	800	33.0	0.30	0.39	0.31
增大 50%	1 200	21.1	0.44	0.31	0.25

7.2   外海潮差的影响

一个大小潮过程中，不单潮差有变化，上游径流量也有一定幅度的波动，为了分析外海潮差对咸潮上溯的影响，保持初始条件相同，上游径流量采用恒定常数（竹银实际情况的平均流量，为 800 m³/s），设置外海潮差不变、潮差增大 50 % 和潮差减小 50 % 的数值试验。

图 7.5 至图 7.7 分别为潮差减小、潮差不变及潮差增大条件下，小潮后中潮涨停、落停时刻的纵断面盐度分布。可以发现，潮差减小后磨刀门水道内的盐水分层增强，咸潮上溯距离增加；而潮差增大后，盐水掺混加剧，咸潮上溯距离减小。

图 7.8 为潮差减小条件下，断面 3 的盐通量分量过程。图 7.8（a）为三灶站水位过程线，从图 7.8（b）中可以看出，潮周期平均最大入侵距离发生在小潮之后的中潮，为 19.8 km；在磨刀门主干的断面 3 处，净盐通量 F_S 在小潮期间小于零，即该时段内外海盐水通过断面 3 向河道内输送；稳定剪切输送 F_E 和潮汐震荡输送 F_T 引起的盐度输送始终为负值，促进咸潮上溯；平流输送 $Q_f s_0$ 始终为正值，抑制咸潮上溯。

图 7.9 为潮差增大条件下，断面 3 的盐通量分量过程。在磨刀门主干的断面 3 处，各分量的盐度输送规律与潮差减小条件基本相同，但潮周期平均最大入侵距离发生在大潮阶段，为 19.1 km，表明潮差增大到一定程度，磨刀门水道的咸潮上溯特性发生变化，咸潮上溯在大潮期间达到峰值，同时入侵最远距离有所减小。

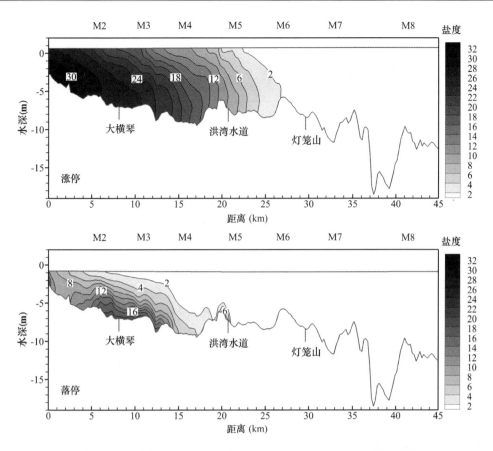

图 7.5　潮差减小条件下小潮后中潮期涨停时刻与落停时刻纵断面盐度分布

不同潮差工况下咸潮上溯距离与盐通量比重变化如表 7.2 所示，可以发现，外海潮差减小后，在小潮期间稳定剪切输送引起的盐通量比重明显增加，潮汐震荡输送和平流输送引起的盐通量比重明显减小，表明潮差减小能够增强稳定剪切输送作用，使得小潮期间磨刀门水道底部积蓄浓度较高的盐水，咸潮上溯在小潮之后的中潮达到峰值；而增大外海潮差会使得稳定剪切输送作用被减弱，盐水随着潮汐"大进大出"，破坏了小潮期间磨刀门水道底部的盐水积聚效应，减弱咸潮上溯强度，同时潮差增大到一定程度会改变咸潮上溯特性，使得咸潮上溯在大潮期间最为显著。

表 7.2　不同潮差工况下咸潮上溯距离与盐通量比重变化

工况	三灶平均潮差（m）	咸潮上溯距离（km）	盐通量比重		
			平流输送	剪切输送	震荡输送
减小 50%	1.9	19.8	0.47	0.35	0.18
不变	2.1	19.4	0.51	0.22	0.27
增大 50%	2.2	19.1	0.53	0.11	0.36

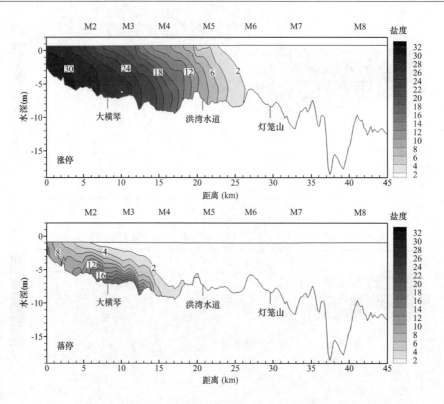

图 7.6　潮差不变条件下小潮后中潮期涨停时刻与落停时刻纵断面盐度分布

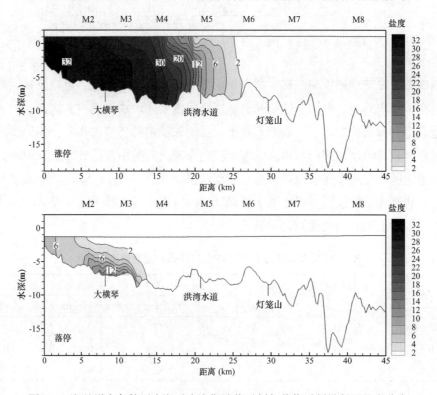

图 7.7　潮差增大条件下小潮后中潮期涨停时刻与落停时刻纵断面盐度分布

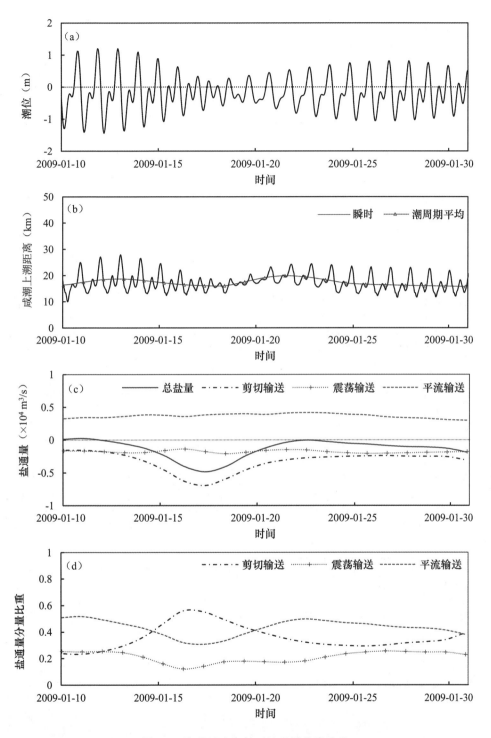

图 7.8　潮差减小条件下盐通量分量过程

（a）三灶站水位；（b）咸潮上溯距离；（c）断面 3 的盐通量分量；（d）断面 3 盐通量分量比重。

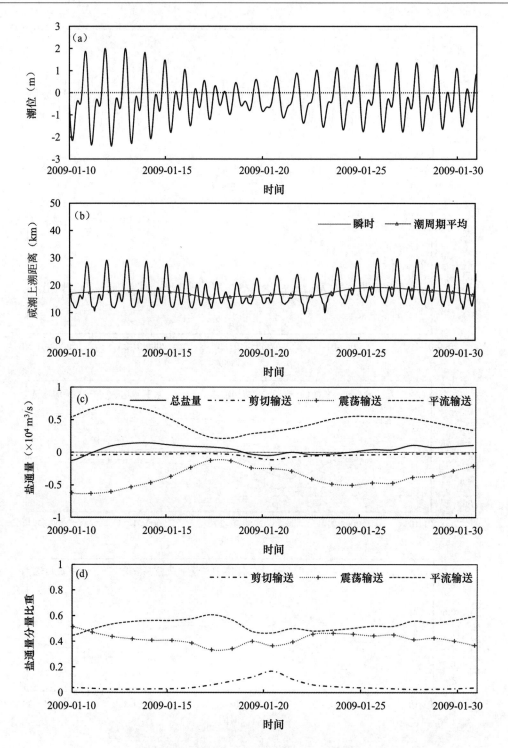

图 7.9　潮差增大条件下盐通量分量过程

（a）三灶站水位；（b）咸潮上溯距离；（c）断面 3 的盐通量分量；（d）断面 3 盐通量分量比重。

7.3　风的影响

7.3.1　磨刀门地区主导风向的确定

本节累计收集了澳门气象站 1952—1990 年以及 1999—2015 年共计 56 年的实测风资料，以此来说明磨刀门河口及附近外海的主导风向及其近年来的变化趋势。

（1）全年主导风向。

根据收集到的风资料绘制澳门气象站多年风玫瑰图，如图 7.10 所示，图中风速代表平均风速。

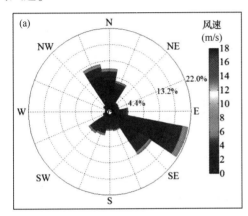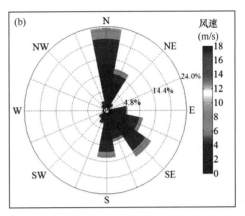

图 7.10　澳门气象站风玫瑰图

（a）1952—1990 年；（b）1999—2015 年。

从图 7.10 中可以看到，1952—1990 年，本地区常风向为 ESE 向，频率为 20.4%；次常风向为 SE 向，频率为 13.4%。偏北风（含 NNW、N、NNE、NE）频率为 33.9%，偏南风（含 ESE、SE、SSE）频率为 38.4%。偏西风（含 WSW、W、WNW）发生的频率很低，仅为 1.5%。1999—2015 年，本地区偏北风和偏南风频率分别为 38.2% 和 35.2%，总体上与 1952—1990 年的统计结果一致，但常风向发生了很大变化，由 1952—1990 年的 ESE 向转为 N 向，其原因值得进一步研究，在此不作深入探讨。

（2）枯水期主导风向。

由于磨刀门咸潮活动主要发生在枯水期间，为此根据收集到的风资料专门绘制澳门气象站枯水期半年（10 月至翌年 3 月）的风玫瑰图，如图 7.11 所示。

由图 7.11 可以看到，1952—1990 年枯水期间，澳门站最多风向是 ESE 风，频率为 21.0%；其次是 N 风，频率为 19.2%；再次是 NNW 风，频率为 18.3%。偏南风（含 ESE、SE、SSE）频率为 33.8%，偏北风（含 NNW、N、NNE、NE）频率为 54.0%。而到

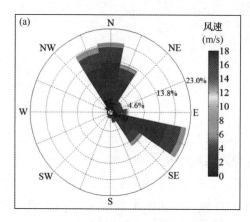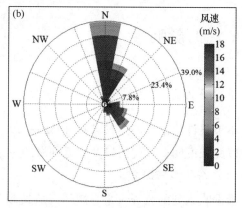

图 7.11 澳门气象站枯水期半年风玫瑰图

（a）1952—1990 年枯水期；（b）1999—2015 年枯水期。

1999—2015 年枯水期，常风向由 ESE 向转为 N 向，频率为 36.9%；次常风向由 N 向转为 NNE 向，频率为 18.7%。偏北风（含 NNW、N、NNE、NE）发生频率超过 60%（为 60.9%），而偏南风（含 ESE、SE、SSE）发生频率为 28.6%，较 1952—1990 年枯水期有所降低。

通过上述分析可以看到，磨刀门地区的主导风向在近十几年中发生了较大变化。无论从全年看还是从枯水期半年看，主导风向均由 1952—1990 年的 ESE 向转为现在的 N 向。因此，开展偏北风作用下磨刀门咸潮上溯内在动力机制研究具有重要的现实意义和理论价值。

7.3.2 风对磨刀门咸潮上溯的影响机制

近年来磨刀门地区枯水期以盛行北向风为主，而偏北大风对磨刀门盐分输运起着重要作用。为了进一步了解风对咸潮上溯的影响，本节在第 5 章建立的控制试验的基础上，设置了两种不同偏北风风速试验，分别为弱风（风速 5 m/s）和强风（风速 10 m/s），整个研究区域取恒定风场。初始条件、边界条件等计算条件均与第五章建立的数值模型相同，将计算结果对比，讨论偏北风对磨刀门咸潮上溯的影响。

图 7.12 为弱偏北风作用下，小潮后中潮期涨停、落停时刻的纵断面盐度分布，与不考虑风应力的控制试验相比，磨刀门水道沿纵断面的盐度等值线往上游移动，如在小潮后中潮涨停时刻，盐度为 2 的等值线推进至灯笼山上游 9 km 处，较无风数值试验增加约 4 km，盐淡水掺混减弱，分层现象增强；在小潮后中潮落停时刻，盐度为 2 的等值线位于灯笼山，较无风数值试验增加近 3 km。在弱偏北风作用下，磨刀门水道咸潮上溯距离显著增加，径流量一定的情况下，风的作用加强表层径流入海速度，削弱了中下层的径流动力，导致底层高盐水向上游的入侵增强，使盐度分层更为明显。

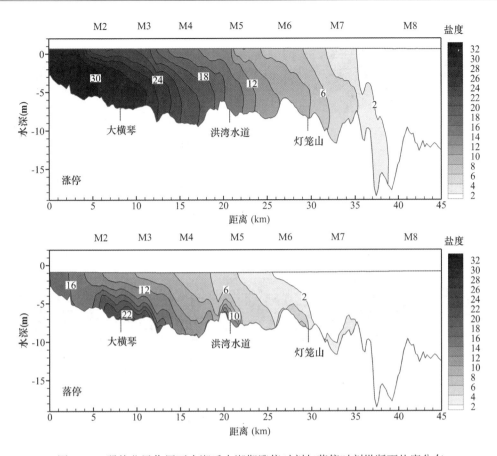

图 7.12　弱偏北风作用下小潮后中潮期涨停时刻与落停时刻纵断面盐度分布

　　图 7.13 为强偏北风作用下，小潮后中潮期涨停、落停时刻的纵断面盐度分布，与弱偏北风数值试验相比，磨刀门水道沿纵断面的盐度等值线继续往上游移动，表明在强偏北风作用下，磨刀门咸潮上溯距离有显著增加。在强偏北风作用下，在洪湾水道有高盐水输入，如在小潮后中潮涨停时刻，洪湾水道底部积聚盐度为 28 的高盐水，在小潮后中潮落停时刻，洪湾水道底部积聚盐度为 24 的高盐水，均出现上游盐度高于下游盐度的现象。这表明较强风力引起了磨刀门盐分输运途径的改变，对于磨刀门水道而言，在一般风力条件下，磨刀门主干河道水体盐分输运占主导作用；而在强偏北风作用下，洪湾水道水体盐分输运占主导作用，洪湾水道入侵强度大于磨刀门主干。

　　图 7.14 至图 7.16 给出了磨刀门水道小潮、小潮后中潮、大潮期间的潮周期平均的表、底层的流场和盐度场分布情况。小潮期间（图 7.14），受强偏北风的作用，口外潮平均余流向西南流动，表层流速约为 0.5 m/s，底层流速减小，约为 0.3 m/s。在磨刀门主干水道，受下泄径流作用，表层余流明显向海流动，同时因地形差异，东侧流速较西侧大，底层受底摩擦和向陆的斜压力的作用，向海余流明显减弱，甚至在东侧深槽出现明显向陆

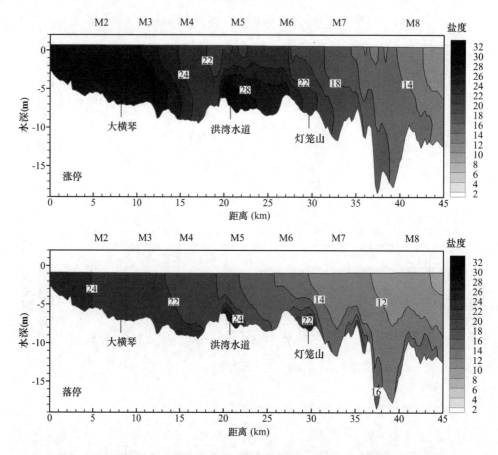

图 7.13　强偏北风作用下小潮后中潮期涨停时刻与落停时刻纵断面盐度分布

运动，洪湾水道表、底层余流均为向陆运动；对于盐度分布，在磨刀门水道，表底层盐度差明显，垂向分层明显，洪湾水道因向陆的余流向上游输送高盐水，使得洪湾水道底部积聚盐度为 25 的高盐水，远远高于相应的磨刀门水道的盐度，在洪湾水道与磨刀门水道的交汇口附近，可以明显观测到来自洪湾水道的高盐水，水体盐度表层约为 20，底层约 25，洪湾水道入侵的高盐水向磨刀门上游扩展，并显著影响了上游水域；中潮期间（图7.15），洪湾水道表、底层余流仍为向陆运动，磨刀门水道内咸潮上溯因潮流增强而增强，表底层盐度差不明显，垂向混合较好，咸潮上溯距离达到峰值；大潮期间（图7.16），表底层余流与中潮期间基本相同，相对中潮期间，磨刀门水道内咸潮上溯减弱，底层盐度为25 的高盐水回落到大横琴附近。

　　从潮周期平均的流场和盐度分布可以看出，在强偏北风的作用下，洪湾水道成为高咸潮上溯磨刀门的一个重要通道，小潮期间，洪湾水道的盐水倒灌最为明显，使得挂定角段底部积聚较高的盐水，到了中潮期间，这部分积聚的高盐水随着潮汐被输送至上游。

　　图7.17 为弱偏北风条件下，断面 3 的盐通量分量过程，图 7.17（a）为三灶站水位过

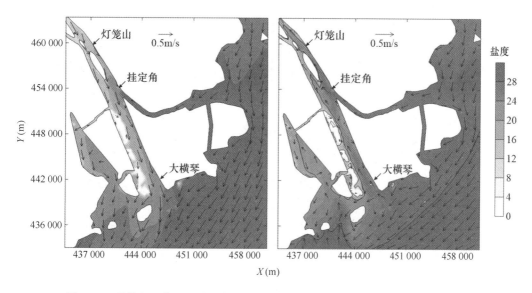

图 7.14　强偏北风作用下小潮期表层（左图）及底层（右图）流场、盐度分布

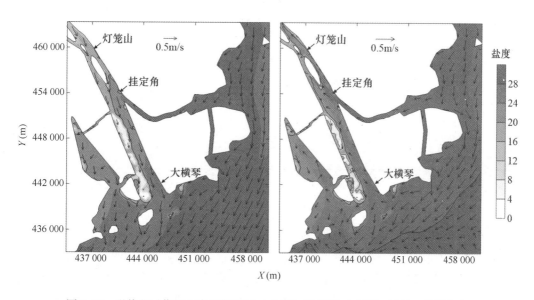

图 7.15　强偏北风作用下中潮期表层（左图）及底层（右图）流场、盐度分布

程线。从图 7.17（b）中可以看出，潮周期平均最大入侵距离发生在小潮之后的中潮，为 36.6 km，较控制试验（图 5.13）增加约 3.6 km；在磨刀门主干的断面 3 处，各分量的盐度输送规律与径流减小条件下基本相同，结合表 7.3 可以发现，在弱偏北风的作用下，在磨刀门主干断面 3 处，小潮期间抑制咸潮上溯的平流输送作用减弱，而促进咸潮上溯的稳定剪切输送作用和潮汐震荡输送作用增强。

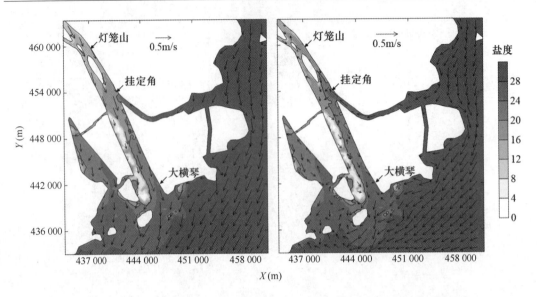

图 7.16 强偏北风作用下大潮期表层（左图）及底层（右图）流场、盐度分布

表 7.3 不同风速工况下咸潮上溯距离与盐通量比重变化

工况	风速	咸潮上溯距离	盐通量比重		
	（m/s）	（km）	平流输送	剪切输送	震荡输送
无风	0	33.0	0.30	0.39	0.31
弱偏北风	5	36.6	0.19	0.45	0.36
强偏北风	10	49.6	0.55	0.17	0.27

  图 7.18 为强偏北风条件下，断面 3 和 HW 断面的盐通量分量过程，图 7.18（a）为三灶站水位过程线。从图 7.18（b）中可以看出，潮周期平均最大入侵距离发生在小潮之后的中潮，为 49.6 km，较控制试验咸潮上溯距离显著增大，增加约 16.6 km；在磨刀门主干的断面 3 处，强偏北风作用下，其稳定剪切 F_E、潮汐震荡 F_T 及平流输运 $Q_f s_0$ 均有所增大，但平流通量增大的幅度更大，使得在整个研究时段内其断面总盐通量 F_S 始终为正，表现为盐分通过断面 3 向外海输送；而在 HW 断面处，在强偏北风作用下，其稳定剪切 F_E、潮汐震荡 F_T 的量值变得很小，而平流输运 $Q_f s_0$ 始终为负，且量值较大，使得在整个研究时段内其断面总盐通量 F_S 始终为负，表现为盐分通过 HW 断面向内陆输送，这与控制试验及弱偏北风试验情况下刚好相反，表明北风风速会影响磨刀门盐分输运途径，在强偏北风条件下，洪湾水道成了磨刀门水道盐分的主要来源。

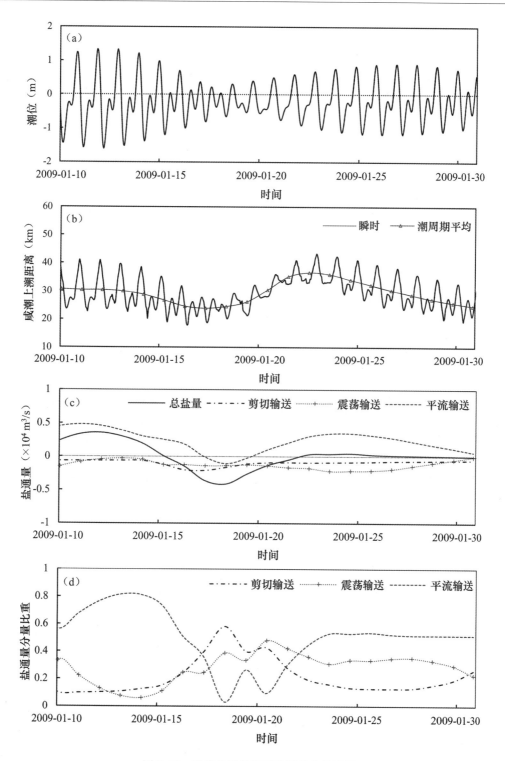

图 7.17　弱偏北风条件下盐通量分量过程

（a）三灶站水位；（b）咸潮上溯距离；（c）断面 3 的盐通量分量；（d）断面 3 盐通量分量比重。

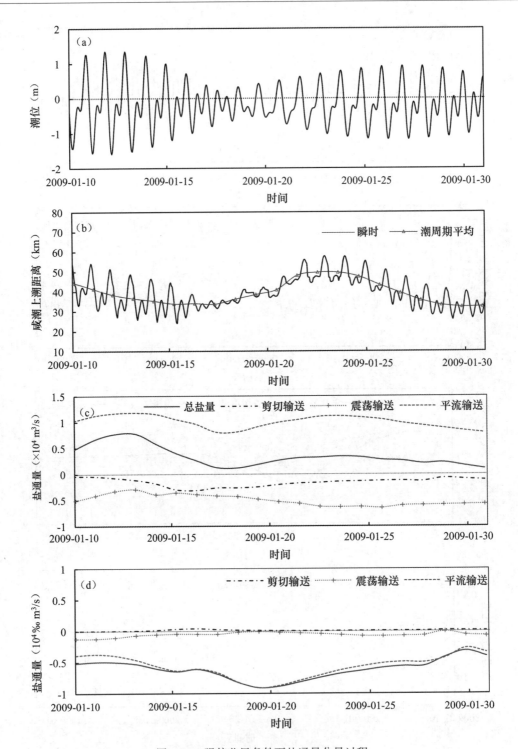

图 7.18　强偏北风条件下盐通量分量过程

（a）三灶站水位；（b）咸潮上溯距离；（c）断面 3 的盐通量分量；（d）HW 断面盐通量分量。

7.4　海平面上升的影响

对于珠江口相对海平面的上升，不少学者都作了预测，其中认为到 2030 年和 2050 年分别上升 0.3 m 和 0.5 m 的占较为多数[89-90]。本节在第 5 章建立的控制试验的基础上，设置两个数值试验，分别模拟海平面上升 0.3 m 和 0.5 m 情况，分析海平面上升对磨刀门咸潮上溯的影响。

图 7.19 和图 7.20 分别为海平面上升 0.3 m 和 0.5 m 条件下，小潮后中潮涨停、落停时刻的纵断面盐度分布。海平面上升 0.3 m 条件下（图 7.19），小潮后中潮涨停时刻，底层盐度 2 等值线推进至灯笼山上游 10 km 处，较控制试验（图 5.10）增加约 5 km，表层盐度 2 等值线推进至 M7 测量点上游 3 km 处，较控制试验增加约 3 km；小潮后中潮落停时刻，底层盐度 2 等值线推进至灯笼山上游 6 km 处，较控制试验增加约 7 km，表层盐度 2 等值线推进至 M5 测量点上游 4 km 处，较控制试验增加约 4 km。随着海平面上升，咸潮上溯距离增加，盐水分层逐渐增强，底层盐度上升较表层盐度大，表明海平面上升对底层盐度影响相对较大。

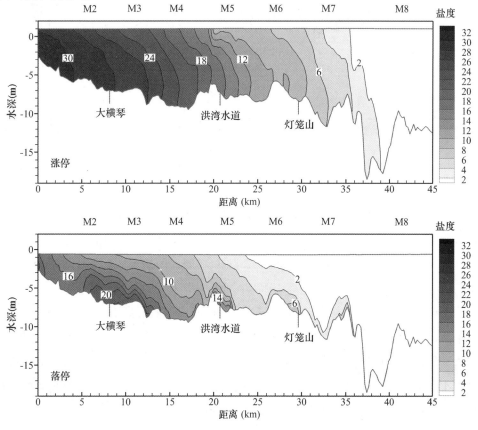

图 7.19　海平面上升 0.3 m 条件下小潮后中潮期涨停时刻与落停时刻纵断面盐度分布

海平面上升 0.5 m 条件下的盐度的盐水掺混特性与海平面上升 0.3 m 条件的盐水掺混特性基本一致，但因海平面上升幅度更大，引起的咸潮上溯也更为明显。但相比风、径流等动力因子而言，海平面上升引起的咸潮上溯的变化是较小的。

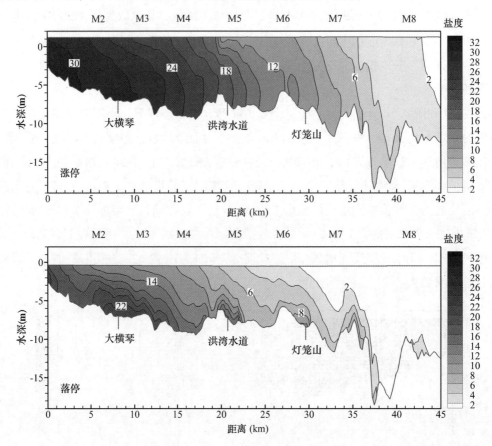

图 7.20　海平面上升 0.5 m 条件下小潮后中潮期涨停时刻与落停时刻纵断面盐度分布

图 7.21 为海平面上升 0.3 m 条件下，断面 3 的盐通量分量过程，图 7.21（a）为三灶站水位过程线。从图 7.21（b）中可以看出，潮周期平均最大入侵距离发生在小潮之后的中潮期，为 33.8 km，较控制试验增加约 0.8 km；在磨刀门主干的断面 3 处，净盐通量 F_s 在大小潮过程中发生了正负变化，在大潮转小潮的中潮末期到下一个周期小潮转大潮的中潮前期均小于零，即该时段内外海盐水通过断面 3 向河道内输送；平流输送 $Q_f s_0$ 始终为正值，即平流输送作用向海输送盐度，且在小潮期间平流输送作用弱，在小潮转大潮的中潮后期和大潮前期平流输送作用强；剪切输送 F_E 始终为负值，即稳定剪切作用向陆输送盐度，且在小潮期间稳定剪切作用强，在大潮期间稳定剪切作用明显减弱；潮汐震荡 F_T 引起的盐度输送始终为负值，可见潮汐震荡作用在断面 3 处向陆输送盐度。

图 7.22 为海平面上升 0.5 m 条件下，断面 3 的盐通量分量过程，在磨刀门主干的断

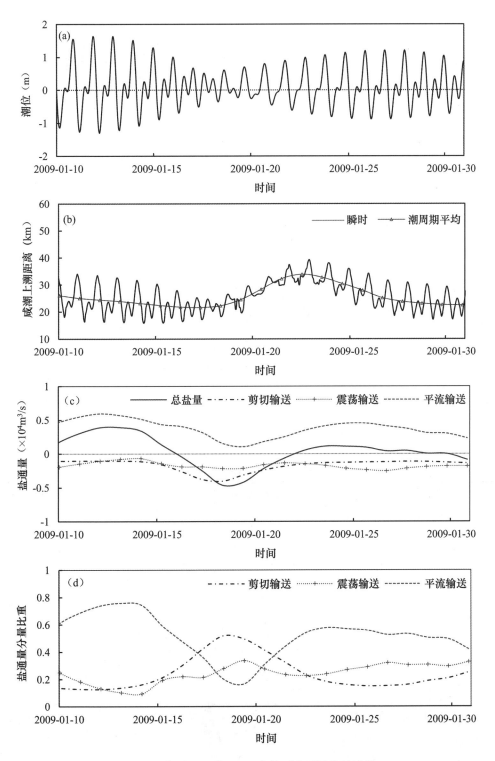

图 7.21　海平面上升 0.3 m 条件下盐通量分量过程

（a）三灶站水位；（b）咸潮上溯距离；（c）断面 3 的盐通量分量；（d）断面 3 盐通量分量比重。

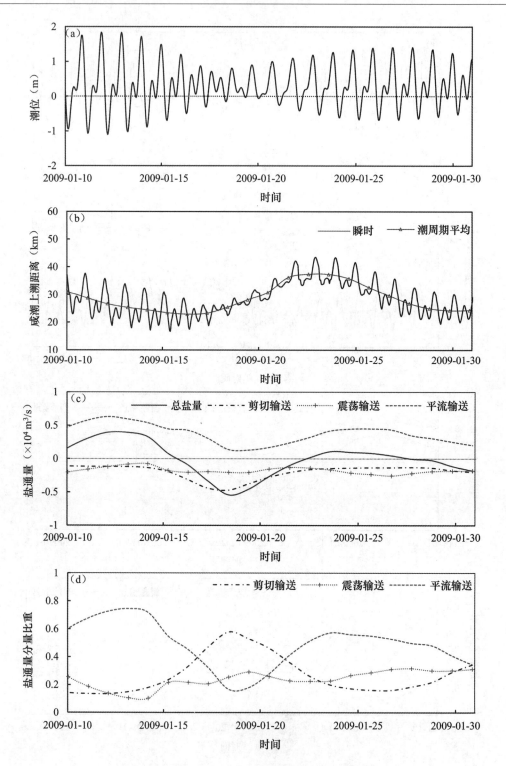

图 7.22 海平面上升 0.5 m 条件下盐通量分量过程

（a）三灶站水位；（b）咸潮上溯距离；（c）断面 3 的盐通量分量；（d）断面 3 盐通量分量比重。

面 3 处，各分量的盐度输送规律与海平面上升 0.3 m 条件下基本相同，但由于海平面上升幅度更大，引起的咸潮上溯也更为明显，潮周期平均最大入侵距离发生在小潮之后的中潮期，为 37.4 km，较控制试验增加约 4.4 km。

不同海平面工况下咸潮上溯距离与盐通量比重变化如表 7.4 所示，可以发现，海平面上升后，小潮期间稳定剪切输送引起的盐通量比重略有增加，平流输送和潮汐震荡引起的盐通量比重略有减小，表明海平面上升对各盐通量分量比重的影响较小。

表 7.4　不同海平面工况下咸潮上溯距离与盐通量比重变化

工况	咸潮上溯距离（km）	盐通量比重		
		平流输送	剪切输送	震荡输送
不变	33.0	0.30	0.39	0.31
上升 0.3 m	33.8	0.27	0.44	0.29
上升 0.5 m	37.4	0.25	0.49	0.26

7.5　本章小结

本章采用磨刀门水道三维高精度咸潮上溯数学模型，分析了上游径流、外海潮差、风、海平面上升对磨刀门咸潮上溯的影响，并研究了各因子变化对磨刀门河口特征断面的日平均盐通量分量的影响，主要结论如下：

（1）上游径流量的增加能够增强平流输送作用，减弱稳定剪切输送作用和潮汐震荡输送作用，有效地抑制咸潮上溯，但并不能改变咸潮上溯在小潮后中潮达到峰值的规律。

（2）外海潮差的减小，能够明显增强稳定剪切输送作用，使得小潮期间磨刀门水道底部积蓄浓度较高的盐水，咸潮上溯在小潮之后的中潮达到峰值；而增大外海潮差会使得稳定剪切输送作用被减弱，盐水随着潮汐"大进大出"，破坏了小潮期间磨刀门水道底部的盐水积聚效应，减弱咸潮上溯强度，同时潮差增大到一定程度会改变咸潮上溯特性，使得咸潮上溯在大潮期间最为显著。

（3）海平面上升能够促进咸潮上溯，同时不改变咸潮上溯特性，但相对风、径流等动力因子而言，海平面上升引起的咸潮上溯的变化是较小的。

（4）北风风速会影响磨刀门盐分输运途径，在弱偏北风条件下，磨刀门主干河道是磨刀门水道盐分的主要来源，在小潮期间，抑制咸潮上溯的平流输送作用减弱，而促进咸潮上溯的稳定剪切输送作用和潮汐震荡输送作用增强，咸潮上溯加剧；而在强偏北风作用下，洪湾水道成了磨刀门水道盐分的主要来源，在 HW 断面处，平流输送作用驱动盐分向内陆输送，使得洪湾水道的盐水倒灌明显，磨刀门水道咸潮上溯强度显著增强。

第8章 河口演变对磨刀门咸潮上溯的影响机制

基于珠江河口及河网 1999 年地形与 2014 年地形，采用第 4 章率定好的河口咸潮上溯数学模型，对枯季典型水文组合（"2009.12"）条件下的磨刀门水道咸潮上溯过程进行计算分析，对比研究河口演变对盐度的时间（包括整个半月潮周期，分小潮、小潮转大潮期中潮、大潮及大潮转小潮期中潮）、空间（包括平面、纵断面以及横断面）分布变化，探讨河口演变对咸潮上溯过程的影响。

针对珠江河口演变造成的磨刀门水道咸潮上溯过程变化，采用断面盐通量机制分解的方法，分析特征断面盐通量过程，研究磨刀门水道盐度输运动力机制，分析河口演变造成的磨刀门水道咸潮上溯动力机制的变化。

8.1 数值模拟试验方案

采用珠江河口及河网两组不同年份地形条件分析河口演变对磨刀门水道咸潮上溯过程的影响：① 1999 年地形条件。珠江河口及河网主要河道及重要支流基本采用 1999—2000 年地形，岸线边界采用遥感解译方式提取的 1999 年珠江河口及河网岸线。② 2014 年地形条件。由于缺乏珠江河口及河网完整的最新实测水下地形资料，2014 年地形条件为在 1999 年地形的基础上，对网河区主干河道及珠江河口八大口门区地形进行替换，其他区域地形与 1999 年地形一致。地形更新区域包括：西江主干河道采用 2013 年实测水下地形，磨刀门水道下游及拦门沙区域采用 2011 年实测水下地形，北江主干河道采用 2014 年实测水下地形，西伶通道采用 2010—2013 年实测水下地形，珠江河口口门区、伶仃洋及黄茅海采用 2009—2012 年实测水下地形，岸线边界采用 2014 年遥感解译边界。

珠江河口演变对河网及口门分流比具有重要影响。为反映河口演变导致的分流变化对咸潮上溯的影响，分别构建了 1999 年地形及 2014 年地形条件下的珠江河口及河网二维整体数学模型，计算得到磨刀门水道三维模型上游天河流量边界、外海潮位边界及盐度边界过程。图 8.1 为 1999 年及 2014 年地形条件下的天河流量过程变化，从中可以看出，天河站流量过程受外海潮汐影响明显，呈现出日周期及半月周期变化规律，落潮流量大于涨潮流量。在 2014 年地形条件下，天河站涨落潮流量变化幅度大于 1999 年地形条件，2014 年地形条件下的平均涨落潮流量增加 1 000 m³/s。

164

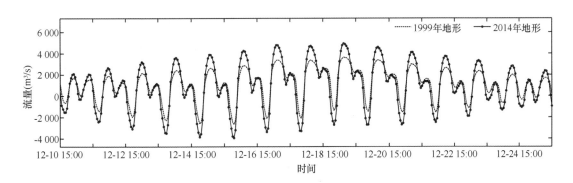

图 8.1　天河站流量过程变化对比

8.2　河口演变对咸潮上溯过程的影响

8.2.1　河口演变对平面盐度变化的影响

为分析河口演变对磨刀门水道平面盐度变化的影响，采用 0.2 层和 0.8 层盐度分别代表表层及底层盐度进行分析。在本节中分小潮、小潮后中潮、大潮及大潮后中潮四个阶段，对潮周期平均下的盐度变化过程进行对比分析（图 8.2）。图 8.3 至图 8.10 为河口演变对磨刀门水域盐度半月变化对比。

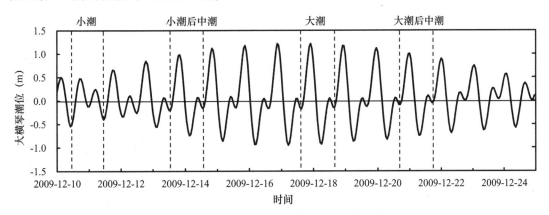

图 8.2　潮周期时段选取

小潮期，在 1999 年地形条件下，表层盐度 0.5 等值线在联石湾附近，而在 2014 年地形条件下，表层盐度 0.5 等值线已越过竹排沙。底部高盐水主要沿磨刀门水道东侧深槽上溯，盐度 16 等值线呈舌状向上游伸展，2014 年地形条件下底部高盐水上溯距离大于 1999 年地形。小潮转大潮期的中潮，咸潮上溯强度达到最大，表层盐度 0.5 等值线均已越过竹排沙，且 2014 年地形条件大于 1999 年情形，表层盐度 16 等值线已延伸至口门内。1999

年地形条件下底部高盐水沿磨刀门水道东侧深槽上溯距离大于 2014 年地形。大潮期后咸潮开始逐渐消退。

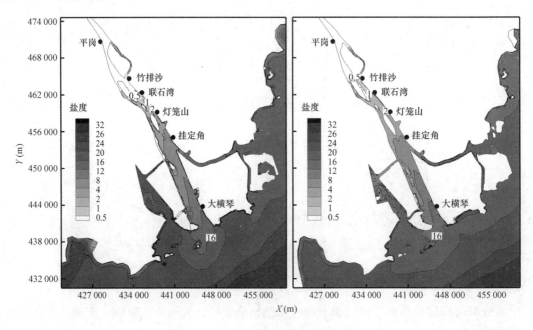

图 8.3　小潮期平均表层平面盐度对比

左图为 1999 年地形，右图为 2014 年地形。

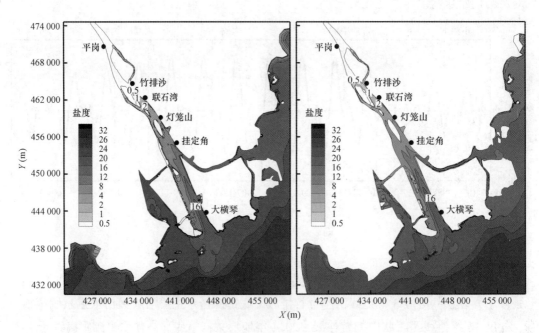

图 8.4　小潮期平均底层平面盐度对比

左图为 1999 年地形，右图为 2014 年地形。

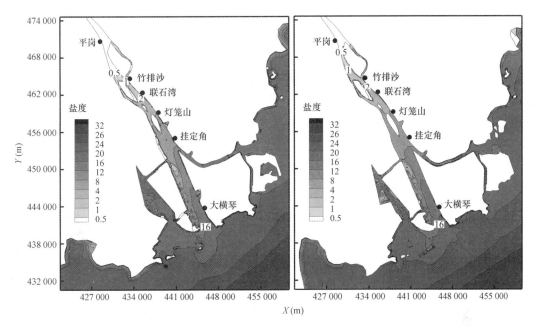

图 8.5　小潮后中潮期平均表层平面盐度对比

左图为 1999 年地形，右图为 2014 年地形。

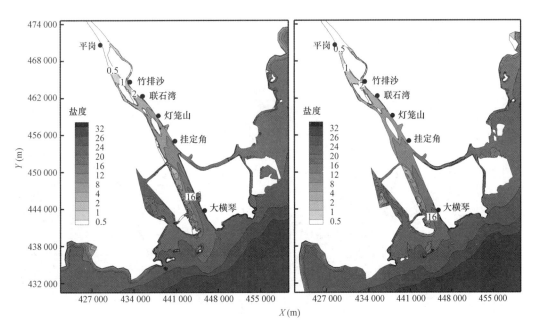

图 8.6　小潮后中潮期平均底层平面盐度对比

左图为 1999 年地形，右图为 2014 年地形。

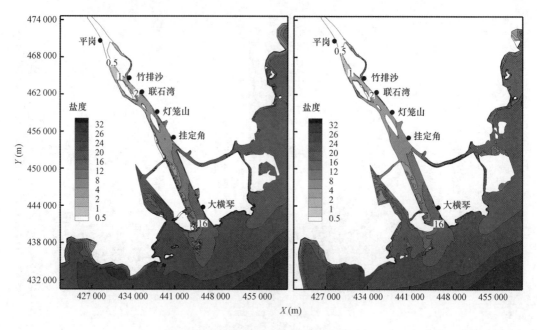

图 8.7　大潮期间平均表层平面盐度对比

左图为 1999 年地形，右图为 2014 年地形。

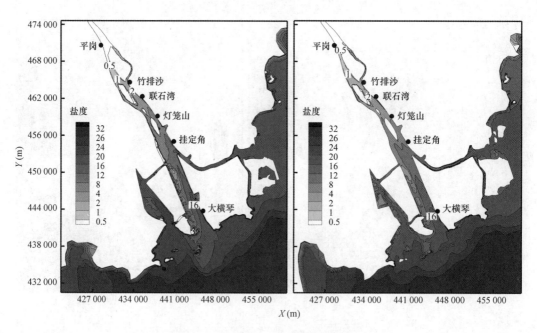

图 8.8　大潮期平均底层平面盐度对比

左图为 1999 年地形，右图为 2014 年地形。

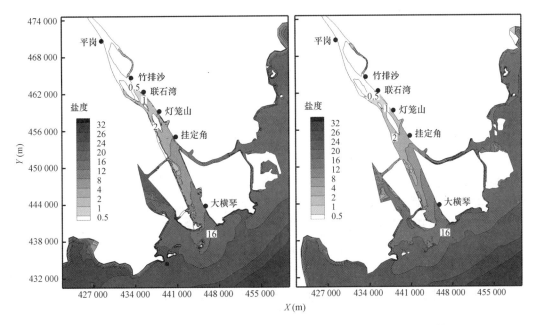

图 8.9　大潮后中潮期平均表层平面盐度对比

左图为 1999 年地形，右图为 2014 年地形。

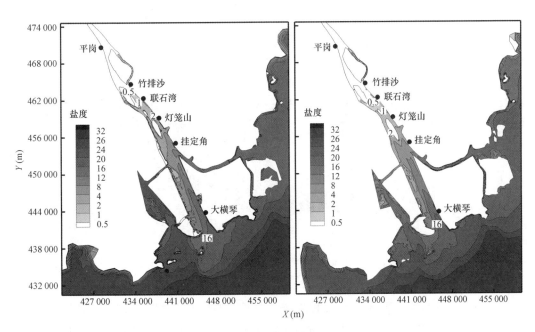

图 8.10　大潮后中潮期平均底层平面盐度对比

左图为 1999 年地形，右图为 2014 年地形。

整体上看，口门外盐度等值线大致呈东北至西南走向，这表明磨刀门水道表层淡水出口门后沿西南方向下泄，高盐水主要从东南方向进入河口。口门外水域表层盐度在1999年地形条件下大于2014年地形条件，底层盐度则相反，即2014年地形条件其底层盐度大于1999年地形。

8.2.2 河口演变对纵断面盐度变化的影响

为分析河口演变对磨刀门水道咸潮上溯的影响，沿磨刀门水道深泓线布置了一纵断面，河口口门处为该纵断面位置零起点，向上游方向位置，纵断面终点位置位于平岗站上游4 km处，整个纵断面长度约39 km（图8.11）。图8.12至图8.15为河口演变对磨刀门水道纵断面流速及盐度半月变化对比，整体上看，不论是在1999年地形条件下，还是在2014年地形条件下，磨刀门水道咸潮上溯半月规律基本一致，即在小潮期，盐度在底部聚集，随着潮差的加大，咸潮上溯距离在小潮后的中潮期达到最大，而后逐渐消退，直至下个半月潮周期的小潮期，咸潮上溯的过程要快于咸潮消退的过程。

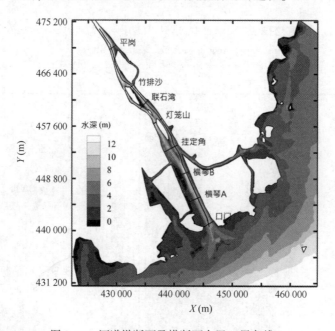

图8.11 河道纵断面及横断面布置（黑色线）

小潮期，1999年及2014年地形条件下，盐度垂向分层均较为明显，垂向梯度较大，盐度出现垂向间断分布结构。口门附近水深的加大导致口门附近底部盐水楔厚度及长度加大，在灯笼山附近水域底部还存在涨潮余流，盐度0.5等值线约在28.5 km处，而在1999年地形条件下，横琴B附近水域底部涨潮余流已相当微弱，盐度0.5等值线约在距口门26.5 km处。

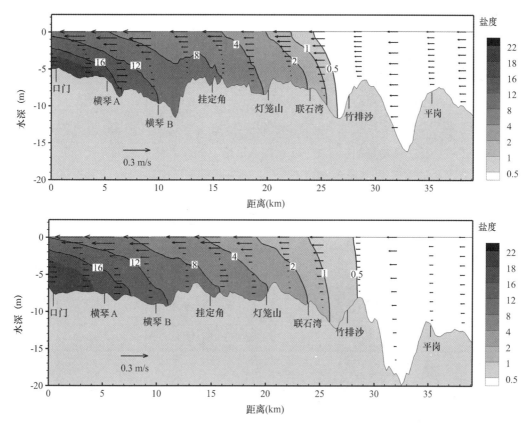

图 8.12　小潮期平均纵断面盐度分布

上图为 1999 年地形，下图为 2014 年地形。

小潮转大潮的中潮期，盐度垂向分层均较小潮期减弱，口门附近盐度垂向分布受地形影响显著，1999 年地形条件下，口门附近存在较为明显的倒坡地形，外海高盐水从底部进入磨刀门水道后，沿倒坡分布，在表层向海淡水径流的影响下，盐度 16 及盐度 12 等值线发生倾斜，高盐水易于困在河床底部。2014 年地形条件下，口门附近盐度垂向混合程度要大于 1999 年地形条件，由于河床坡度平缓，底部高盐水覆盖长度要明显小于 1999 年地形，表层向海及底部向上游流速亦小于 1999 年地形，这说明河口的倒坡降地形将加大河口重力环流，利于高盐水团进入磨刀门水道。在河道上游，由于磨刀门水道 2014 年地形整体上较 1999 年下切明显，河口纳潮量增大，导致上游水道咸潮上溯强度明显加大。

大潮期，磨刀门水道咸潮开始消退，受 1999 年河口倒坡降地形影响，口门附近底部高盐水较中上部盐水难以退出，盐度 12 等值线仍然深入至横琴 B 以上 2 km 附近。而在 2014 年地形条件下，盐度 12 等值线已退至横琴 B 断面以下。由于 2014 年河道容积增加明显，前期进入磨刀门水道的盐分物质较 1999 年地形明显增加，导致上游河道盐水难以退出，咸潮上溯强度随地形的增加而加大。

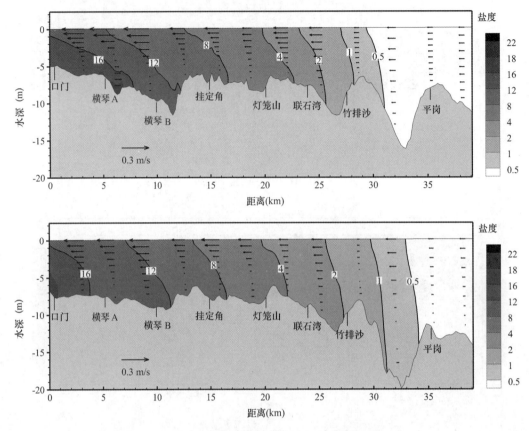

图 8.13　小潮后中潮期平均纵断面盐度分布

上图为 1999 年地形，下图为 2014 年地形。

　　大潮后中潮期，磨刀门水道咸潮进一步消退，2014 年地形条件下口门附近盐度明显大于 1999 年地形。盐度 12 等值线深入河口的位置基本一致，所不同的是，1999 年地形条件下，受倒坡降地形影响，该等值线倾斜度要大于 2014 年地形。1999 年地形条件下盐度 0.5 等值线在河口上游 27 km 处，咸潮上溯距离比 2014 年地形远 2 km 左右，这也进一步说明，河道倒坡降地形对咸潮的消退具有不利的一面。

8.2.3　河口演变对横断面盐度变化的影响

　　在磨刀门水道上选取两个典型断面（各断面位置如图 8.11 所示），即下游段控制断面（口门断面）与上游段控制断面（挂定角断面），进一步分析磨刀门水道横断面盐度与流速分布及其变化规律。通过对比分析不同地形条件下口门断面的流速及盐度分布差异，研究珠江河口演变对磨刀门水道盐度输送的影响。

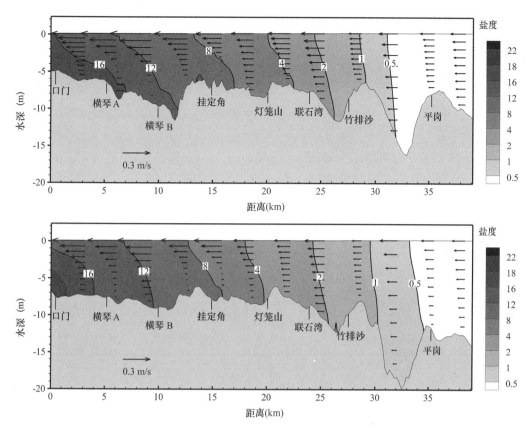

图 8.14 大潮期平均纵断面盐度分布

上图为 1999 年地形，下图为 2014 年地形。

8.2.3.1 下游段控制断面

磨刀门水道下游段控制断面口门横断面从 1999 年演变至 2014 年，断面形状由 U 型转变为 V 型，河道水深最大加深 2.5 m 左右。图 8.16 至图 8.19 为模拟的河口演变对口门处横断面的盐度和流速分布变化对比图，其中左图为横向流速（水平流速沿横断面的分量与垂向流速的合成流速，其中垂向流速放大 100 倍），中间图为纵向流速（水平流速与横断面垂直的分量，落潮为正值），右图为盐度。

小潮期，在 1999 年地形及 2014 年地形条件下，在口门横断面中部均存在微弱的顺时针横向环流，水深−3 m 以下余流指向上游，−3 m 以上余流指向下游，这表明外海高盐水通过口门断面从底部向磨刀门水道输送。在 2014 年地形条件下，由于水深加大，底部高盐水厚度增加，小潮期向上游输送的高盐水增加，这将导致河口咸潮上溯的加剧。

小潮转大潮的中潮期，在 1999 年地形条件下口门横断面中部仍存在较小的顺时针

173

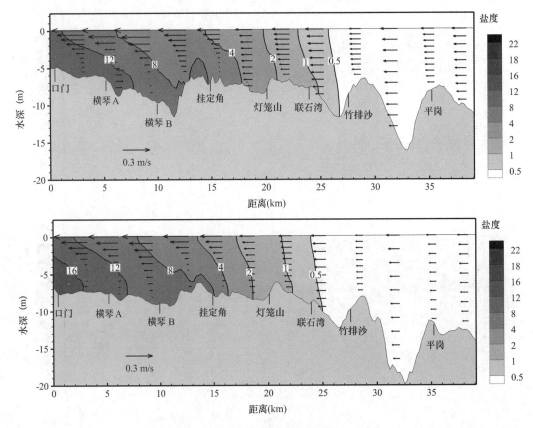

图 8.15　大潮后中潮期平均纵断面盐度分布

上图为 1999 年地形，下图为 2014 年地形。

横向环流，2014 年地形条件下则更为微弱。中、底部潮涨潮流速微弱，上部潮平均流速在 0.2 m/s 以内。盐度横向分布左岸大于右岸，横向差异较小潮期明显，盐度等值线倾斜，高盐水集中在左岸深槽。2014 年地形条件下，盐度 18 高盐水充满整个底部，而 1999 年地形条件下，底部高盐水横向分布存在差异，这表明水深加大有利于促进底部盐水混合。

大潮期间，该横断面横向流速与前一阶段大致相同，中部纵向落潮流速加大，0.1 m/s 流速等值线在 3 m 水深附近，2014 年地形条件下 0.1 m/s 以下流速范围大于 1999 年地形条件。整体上，盐淡水混合程度较中潮期间有所增强，2014 年地形条件下，盐度垂向差异大于 1999 年地形条件。

大潮转小潮的中潮，1999 年地形条件下，横向流速及纵向流速分布规律与大潮期类似，横断面盐度变小，咸潮处于消退期。2014 年地形条件下，横向流速分布与大潮期类似，而纵断面流速减小，横断面盐度变小，但仍大于 1999 年地形条件。

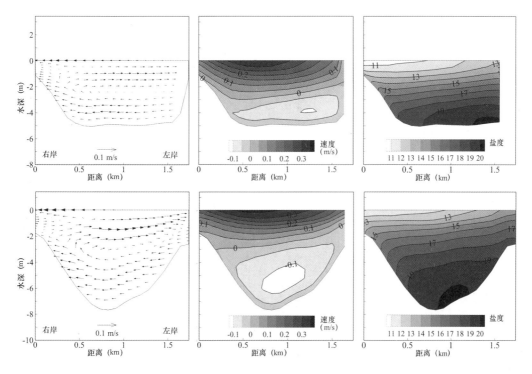

图 8.16 小潮期口门横断面流速与盐度

上图为 1999 年地形，下图为 2014 年地形。

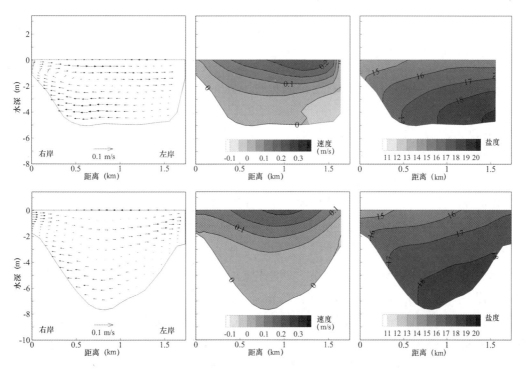

图 8.17 小潮后中潮期口门横断面流速与盐度

上图为 1999 年地形，下图为 2014 年地形。

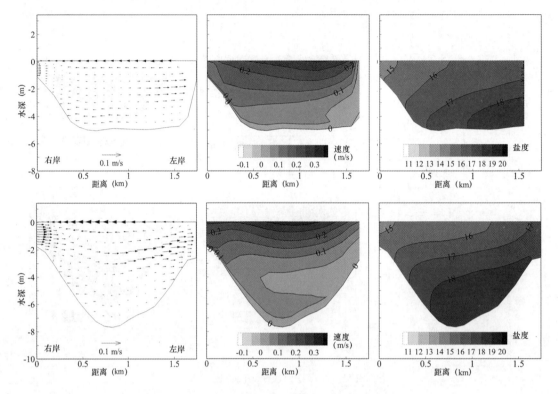

图 8.18　大潮期口门横断面流速与盐度

上图为 1999 年地形，下图为 2014 年地形。

8.2.3.2　上游段控制断面

　　磨刀门水道上游段控制断面挂定角横断面形状呈现 W 型，1999 年时左岸深槽水深为 7 m 左右，右岸深槽为 5 m 左右。河床演变至 2014 年，W 型断面形状强化，断面中部地形凸点向左岸移动，左右岸深槽宽度及深度呈对称发育，最大水深均在 8 m 左右。图 8.20 至图 8.23 为模拟的河口演变对挂定角横断面的盐度和流速分布变化对比，其中左图为横向流速（水平流速沿横断面的分量与垂向流速的合成流速，其中垂向流速放大 100 倍），中间图为纵向流速（水平流速与横断面垂直的分量，落潮为正值），右图为盐度。

　　小潮期，在 1999 年地形及 2014 年地形条件下，表层横向水流均由右岸指向左岸，1999 年地形条件下，左右岸深槽中部水流横向流速基本由两岸指向地形凸点，在 2014 年地形条件下，右岸深槽横向流速微弱。1999 年地形及 2014 年地形条件下横断面纵向流速分布类似，等值线均近似呈 W 状，深槽位置流速大于浅滩。对于盐度分布，1999 年地形条件下，左岸深槽底部盐度大于右岸深槽，右岸表层盐度小于左岸表层盐度，这表明小潮期咸潮主要通过左岸深槽上溯，而右岸深槽为主要淡水下泄通道。2014 年地形条件下，左右岸盐度基本呈对称分布，咸潮上溯主通道由左岸深槽扩展至整个断面，断面面积的增加将导致向上游盐通量的增加，从而加剧磨刀门水道咸潮上溯。

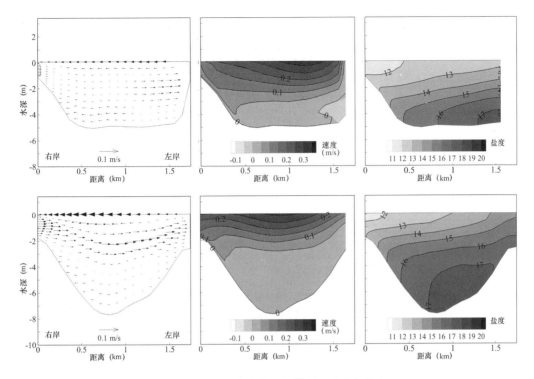

图 8.19　大潮后中潮期口门横断面流速与盐度

上图为 1999 年地形，下图为 2014 年地形。

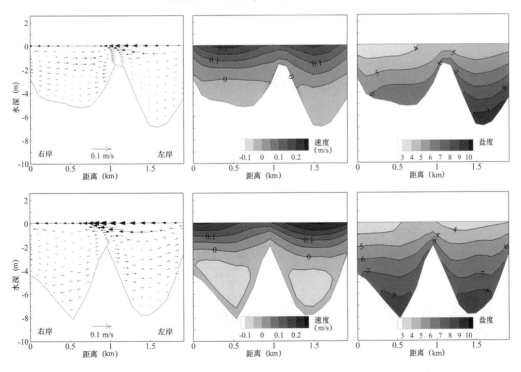

图 8.20　小潮期挂定角横断面流速与盐度

上图为 1999 年地形，下图为 2014 年地形。

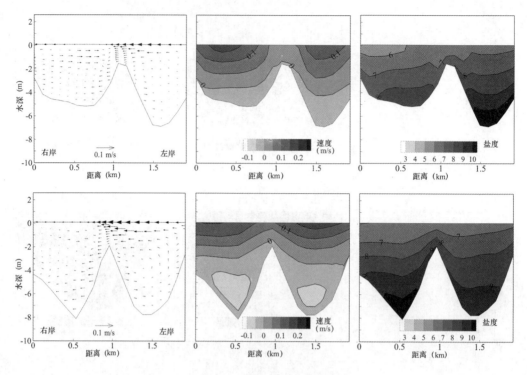

图 8.21 小潮后中潮期挂定角横断面流速与盐度

上图为 1999 年地形，下图为 2014 年地形。

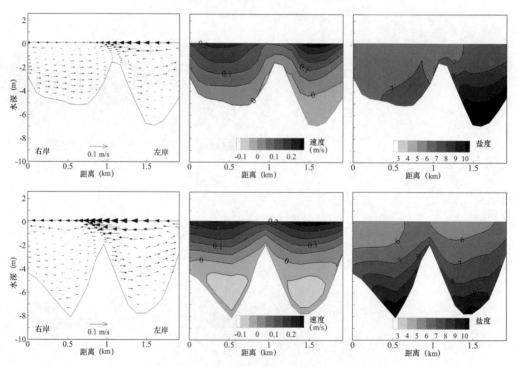

图 8.22 大潮期挂定角横断面流速与盐度

上图为 1999 年地形，下图为 2014 年地形。

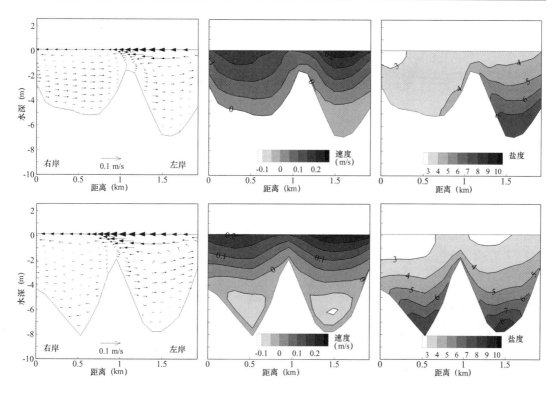

图 8.23　大潮后中潮期挂定角横断面流速与盐度

上图为 1999 年地形，下图为 2014 年地形。

小潮转大潮中潮期，在 1999 年地形及 2014 年地形条件下，横向流速及纵向流速与小潮期类似。1999 年地形条件下，左岸深槽底部盐度达到 10，大于右岸深槽的 8。2014 年地形条件下，右岸深槽底部盐度达到 10，左岸深槽底部盐度增加至 9。大潮期以及大潮后的中潮期，2014 年地形条件下的右岸深槽底部盐度均大于 1999 年地形条件，这表明挂定角右岸深槽已成为咸潮上溯的主通道。同时在该段时期，挂定角左岸表层盐度低于 1999 年地形，表层低盐度亦呈对称分布，这表明淡水下泄的通道亦发生了变化，即由之前的集中在右岸扩展为整个断面。

8.3　河口演变对断面盐通量的影响机制

在磨刀门水道选取 5 个典型横断面即口门、横琴 A、横琴 B、挂定角、联石湾断面等（断面位置见图 8.11），采用 Lerczak 等[85]的研究方法进行盐通量分解。图 8.24 至图 8.28 分别为这 5 个断面的盐通量分解结果（图中正值表示向磨刀门水道上游的盐度输送，负值表示向外海的盐度输送）。

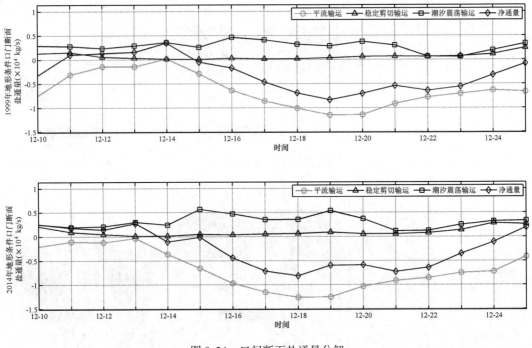

图 8.24　口门断面盐通量分解

8.3.1　口门断面盐通量输运机制

图 8.24 为 1999 年及 2014 年地形条件下，口门断面盐度净通量、平流输运、稳定剪切输运及潮汐震荡输运通量对比。

在口门断面处，1999 年地形条件下，盐度净通量从半月潮周期中第 2 个小潮周期（12 月 11 日）开始出现正值，即通过该断面向上游输送盐度，该天输送量为 1 014.8 kg/s，整个半月潮周期中向上游盐通量的最大值出现在小潮后的中潮期（12 月 14 日），向上游输送的最大瞬时盐通量为 3 487.3 kg/s，大潮期及之后的时段，盐度净通量为负值，即磨刀门水道主要通过该断面向口门外输送盐度。在整个半月潮周期中，平流输送作用引起的盐度输送以负值为主，从小潮期开始向外海的输送强度逐渐减小，至小潮后的中潮期（12 月 12 日）达到最小，为 1 431.3 kg/s，在中潮末期，平流输运方向转向上游，但强度较小，为 141.0 kg/s。大潮期及之后的时段，向外海的平流输送作用较为显著，向口外输送的盐通量最大值为 11 502.7 kg/s。稳定剪切作用引起的盐度输送均为正值，即稳定剪切作用向磨刀门上游输送盐度，且在小潮期间稳定剪切作用强，在中潮及大潮期间稳定剪切作用明显减弱，小潮期间，向上游输送的盐通量最大值为 1 528.9 kg/s。潮汐震荡作用引起的盐度输送为正值，可见潮汐震荡作用在口门断面处主要向磨刀门水道内输送盐度，大潮期强度较大，最大值为 4 642.5 kg/s，大潮后的中潮期强度较小，最小值为 642.8 kg/s。

整体上看，平流输运作用强度除在小潮后的中潮期小于潮汐震荡作用外，其他时刻均大于稳定剪切及潮汐震荡作用，稳定剪切作用对于磨刀门水道盐分输运影响最小。小潮后的中潮期，较小强度的平流输运与较高强度的潮汐震荡输运作用是导致该时段向磨刀门水道输运盐分强烈的主要原因。而后，虽然潮汐震荡输运随着潮汐强度的增加而增强，但平流输运强度增幅更快，导致从大潮开始，磨刀门水道盐分通过该断面排出口外。大潮后期，潮汐震荡输运强度明显降低，而向外海的平流输运强度仍较大，因此从大潮期开始，磨刀门水道盐度通过该断面逐渐排出口外，直至下一个小潮期。

在口门断面处，2014 年地形条件下，盐度净通量从半月潮周期中第 1 个小潮周期（12 月 10 日）就通过该断面向上游输送盐度，且在整个小潮期间，向上游输送的盐度大于 1999 年地形条件，向上游盐度净通量最大为 2 559.9 kg/s，这表明 2014 年地形条件在小潮期更有利于咸潮的上溯。整个半月潮周期中，向上游盐通量的最大值出现在小潮后的中潮期（12 月 13 日），最大达 2 723.6 kg/s，从小潮后的中潮末期（12 月 14 日）开始，磨刀门水道盐度即通过该断面逐渐排出口外，与 1999 年地形条件相比提前 1 天，表明 2014 年地形条件更有利于咸潮的消退。在整个半月潮周期中，平流输送作用引起的盐度输送均为负值，平流输运作用在小潮期间基本小于 1999 年地形条件，即在小潮期通过口门断面由平流输运作用向口外排盐的能力减弱，而在大潮期及之后的时段，平流输送作用相比 1999 年地形增强。稳定剪切作用引起的盐度输送均为正值，与 1999 年地形相比，小潮及小潮后的中潮期，稳定剪切输运总盐通量变化不大，但大潮期及之后的中潮期，强度增加明显。潮汐震荡作用引起的盐度输送为正值，主要向磨刀门水道内输送盐度，在大潮期强度较大，最大值为 5 669.6 kg/s，大潮后的中潮期强度最小。潮汐震荡强度除在小潮及小潮后的中潮期（12 月 12 日至 15 日）小于 1999 年地形外，半月潮周期中的其他时刻在 2014 年地形下基本大于 1999 年地形。

8.3.2　横琴 A 断面盐通量输运机制

横琴 A 断面净盐通量及平流输运、稳定剪切输运、潮汐震荡输运通量强度半月潮周期变化规律与口门断面类似，但强度均较口门断面有所减弱（图 8.25）。

1999 年地形条件下，盐度净通量从半月潮周期中第 2 个小潮周期（12 月 11 日）开始出现正值，该天最大瞬时输送量为 880.0 kg/s。整个半月潮周期中，向上游盐通量的最大值出现在小潮后的中潮期（12 月 14 日），向上游输送的最大净通量为 2 162.44 kg/s，大潮期（12 月 15 日）及之后的时段，盐度净通量基本为负值，在大潮后半段，出现向口外最大的净盐通量 7 426.9 kg/s。在整个半月潮周期中，平流输送作用引起的盐度输送为负值，大潮期（12 月 16—22 日）平流输送作用明显大于其他时段，向口外输送的盐通量最大值为 8 871.7 kg/s。稳定剪切作用强度在小潮与中潮期大于大潮期，盐度输送均为正值，向上游输送的盐通量最大值为 2 988.9 kg/s。潮汐震荡作用引起的盐度输送除在小潮后的

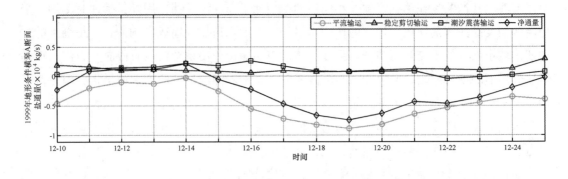

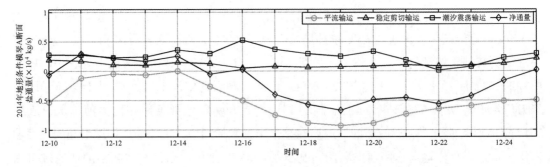

图 8.25　横琴 A 断面盐通量分解

中潮期为负值外，其余时刻均为正值，且随潮汐强度的增加而加大，最大值出现在大潮期（12 月 16 日），达 2 626.8 kg/s。

2014 年地形条件下，在整个小潮及小潮后的中潮期间，通过横琴 A 断面向上游的盐度净通量均大于 1999 年地形条件，整个半月潮周期中向上游净通量的最大值出现在小潮期间，最大达 2 917.8 kg/s。向口外最大的净盐通量出现在 12 月 19 日，达 6 692.7 kg/s。平流输送作用引起的盐度输送基本为负值，其强度在小潮期基本小于 1999 年地形条件（除在第 1 个小潮期外），而在大潮期及之后的时段，平流输送作用增强，向口外输送的盐通量最大值增加至 9 293.2 kg/s。稳定剪切作用引起的盐度输送均为正值，与 1999 年地形相比，稳定剪切输运强度在小潮及小潮后的中潮期以增大为主，在大潮期及之后的时段以减小为主。潮汐震荡作用引起的盐度输送为正值，最大值发生在大潮期，为 5 238.7 kg/s，在整个半月潮周期中均明显大于 1999 年地形。

8.3.3　横琴 B 断面盐通量输运机制

横琴 B 断面净盐通量及平流输运、稳定剪切输运、潮汐震荡输运通量强度半月潮周期变化规律亦与口门、横琴 A 断面类似，但强度进一步减弱（图 8.26）。

1999 年地形条件下，向上游的盐度净通量强度较弱，整个半月潮周期中向上游盐通量的最大值出现在小潮后的中潮期（12 月 14 日），向上游输送的最大净通量为 234.9 kg/s，大潮期（12 月 16 日）及之后的时段，盐度净通量均为负值，在大潮末期（12 月 19 日），出现向口外最大的瞬时净盐通量 7 573.1 kg/s。平流输送作用引起的盐度输送恒为负值，大潮期（12 月 17—20 日），平流输送作用显著，向口外输送的盐通量最大值为 6 934.9 kg/s。稳定剪切输运均为正值，且在小潮期最大，向上游输送的盐通量最大值为 878.9 kg/s。潮汐震荡作用引起的盐度输送在小潮及中潮期为正值，向上游的最大输送强度为 1 263.5 kg/s，在大潮期以负值为主。

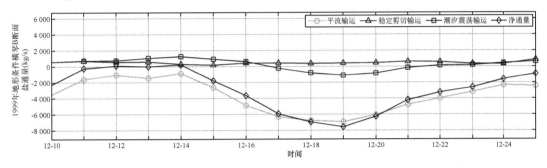

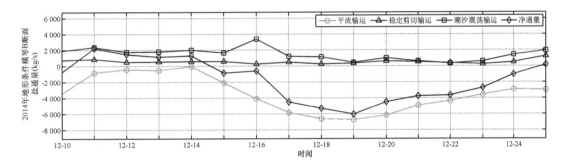

图 8.26　横琴 B 断面盐通量分解

2014 年地形条件下，在小潮以及小潮后的中潮期间，通过横琴 B 断面向上游输送的盐度明显大于 1999 年地形条件，向上游输送的最大净通量为 2 212.4 kg/s。向口外最大的瞬时净盐通量出现在大潮期 12 月 19 日，达 6 036.4 kg/s，与 1999 年地形相比有所减小。平流输送作用引起的盐度输送均为负值，小潮及小潮后中潮期与 1999 年地形条件相比减小较为明显。稳定剪切作用引起的盐度输送均为正值，其强度与 1999 年地形类似，在小潮期有所增大。潮汐震荡作用引起的盐度输送均为正值，最大值为 3 376.4 kg/s，在整个半月潮周期中基本均明显大于 1999 年地形。

8.3.4　挂定角断面盐通量输运机制

挂定角断面距口门大约 15 km，净盐通量及平流输运、稳定剪切输运、潮汐震荡输运通量强度与口门断面相比已明显减弱（图 8.27）。

1999 年地形条件下，向上游的盐度净通量强度较弱，整个半月潮周期中向上游盐通量的最大值出现在小潮后的中潮期（12 月 13 日），向上游输送的最大净盐通量为 1 033.2 kg/s，大潮期（12 月 15 日）及之后的时段，盐度净通量基本为负值，在 12 月 19 日大潮期，出现向口外最大的瞬时净盐通量 4 626.8 kg/s。平流输送作用引起的盐度输送恒为负值，大潮期（12 月 17—20 日）平流输送作用显著，向口外输送的盐通量最大值为 4 203.1 kg/s。稳定剪切输送均为正值，向上游输送的盐通量最大值为 610.8 kg/s。潮汐震荡作用引起的盐度输送在小潮及中潮期为正值，向上游的最大输送强度为 1 091.6 kg/s，在大潮期以负值为主。

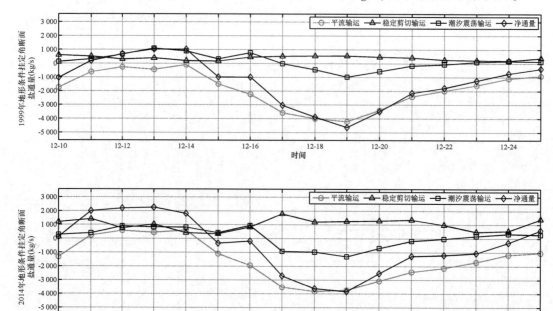

图 8.27　挂定角断面盐通量分解

　　2014 年地形条件下，在小潮以及小潮后的中潮期间，通过挂定角断面向上游输送的盐度明显大于 1999 年地形条件，向上游输送的最大净盐通量增加至 2 260.8 kg/s。向口外最大的净盐通量出现在 12 月 19 日，为 3 836.5 kg/s。平流输送作用引起的盐度输送在小潮期以及小潮后的中潮期以正值为主，在其他时段基本为负，在大潮期小于 1999 年地形条件，在大潮后的阶段，两者强度相当。稳定剪切作用引起的盐度输送均为正值，其强度大于 1999 年地形，向上游输送的盐通量最大值为 1 793.8 kg/s。潮汐震荡作用引起的盐度输送在大潮期出现负值，强度小于 1 306.7 kg/s，其余时段均为正值，最大向上游输送强度为 893.3 kg/s，小潮及之后的中潮前期输运强度大于 1999 年地形。

8.3.5　联石湾断面盐通量输运机制

　　联石湾断面距口门大约 24 km，净盐通量及平流输运、稳定剪切输运、潮汐震荡输运通量强度已较为微弱（图 8.28）。

1999 年地形条件下，向上游输送的最大净盐通量为 931.3 kg/s，大潮期（12 月 15日）及之后的时段，盐度净通量基本为负值，在 12 月 18 日大潮期，出现向口外最大的净盐通量 1 497.1 kg/s。平流输送作用引起的盐度输送恒为负值，大潮期（12 月 17—19 日）平流输送作用显著，向口外输送的盐通量最大值为 1 454.5 kg/s。稳定剪切输送均为正值，强度微弱，向上游输送的盐通量最大值为 153.3 kg/s。潮汐震荡作用引起的盐度输送在小潮及中潮期为正值，向上游的最大输送强度为 936.0 kg/s，在大潮后半段以负值为主，向下游的最大输送强度为 208.5 kg/s。

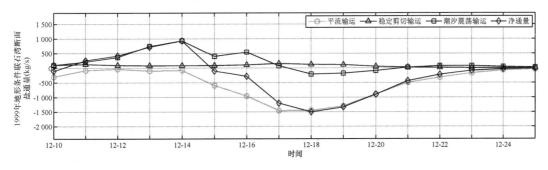

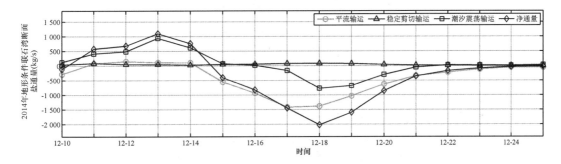

图 8.28　联石湾断面盐通量分解

2014 年地形条件下，在小潮以及小潮后的中潮期间，通过联石湾断面向上游输送的盐度大于 1999 年地形条件，向上游输送的最大净盐通量增加至 1 100.3 kg/s。向口外最大的瞬时净盐通量出现在 12 月 18 日，为 2 015.7 kg/s。平流输送作用引起的盐度输送在小潮期以及小潮后的中潮期以正值为主，在其他时段基本为负，在大潮期及之后的阶段小于1999 年地形条件。稳定剪切作用引起的盐度输送均为正值，其强度较小。潮汐震荡作用引起的盐度输送在大潮期出现负值，强度小于 679.7 kg/s，其余时段均为正值，最大向上游输送强度为 941.9 kg/s，小潮及之后的中潮前期输运强度大于 1999 年地形。

8.4　河口演变对咸潮上溯影响机制综合分析

为进一步分析河口演变对咸潮上溯的影响机制，在 8.3 节磨刀门水道断面盐通量分析的基础上，针对磨刀门水道控制断面，对比 1999 年及 2014 年地形条件控制断面平流输运、稳定剪切输运及潮汐震荡输运强度变化，探讨河口演变对磨刀门水道咸潮上游影响的动力机制。

表 8.1 为 1999 年及 2014 年地形条件下，磨刀门水道控制断面口门、挂定角及联石湾断面日平均盐度净输运量对比，从中可以看出，与 1999 年地形相比，2014 年地形条件下，小潮及小潮后的中潮期，口门、挂定角及联石湾向上游的净通量基本全增加，这表明在咸潮上溯强度在该阶段增加。口门断面在小潮期的第 1 天增加明显，而挂定角断面在小潮及小潮后的中潮期增加幅度均较大，介于 1 151.7~1 815.9 kg/s 之间，联石湾断面除在小潮期的第 1 天略微减小外，小潮末期及小潮后的中潮期，向上游的净通量均增加，增加幅度介于 263.2~375.0 kg/s 之间。大潮期及之后的中潮期，通过口门断面盐度净通量有所波动，变化幅度介于−2 655.3~2 382.3 kg/s 之间，而挂定角断面盐度净通量方向一直指向下游，通过该断面向下游排出的净盐通量减少 193.9~965.1 kg/s。通过联石湾断面向下游排出的盐通量在大潮期增加 246.9~545.1 kg/s，在大潮后的中潮期减小 5.9~88.4 kg/s。由此可见，2014 年地形条件下，小潮期及小潮后的中潮期通过磨刀门水道控制断面向上游净通量的增加，决定了磨刀门水道咸潮上溯强度较 1999 年地形增大。

表 8.1　河口演变对净输运强度的影响　　　　　　　　（单位：kg/s）

日期	潮汐类型	1999 年地形盐通量			变化值（2014—1999 年）		
		口门	挂定角	联石湾	口门	挂定角	联石湾
12 月 10 日	小潮	−3 266.2	−1 029.9	−106.1	5 826.1	1 151.7	−12.4
12 月 11 日		1 014.8	197.9	255.3	793.2	1 815.9	321.8
12 月 12 日	中潮	1 322.6	688.9	415.6	79.9	1 510.1	263.2
12 月 13 日		1 603.3	1 033.2	725.3	1 120.3	1 227.6	375.0
12 月 14 日		3 487.3	1 019.9	931.3	−4 563.1	796.8	−169.8
12 月 15 日	大潮	−522.4	−987.1	−103.4	393.5	647.4	−301.9
12 月 16 日		−1 748.1	−988.9	−282.1	−2 655.3	804.6	−545.2
12 月 17 日		−4 630.6	−3 033.5	−1 199.3	−2 541.2	341.7	−246.9
12 月 18 日		−6 930.7	−3 883.3	−1 497.1	−1 228.0	257.9	−518.6
12 月 19 日		−8 351.9	−4 626.8	−1 333.6	2 382.3	790.3	−258.4
12 月 20 日		−7 034.1	−3 486.5	−897.4	1 141.9	965.1	42.8

日期	潮汐类型	1999 年地形盐通量			变化值 (2014—1999 年)		
		口门	挂定角	联石湾	口门	挂定角	联石湾
12 月 21 日		−5 413.2	−2 143.3	−437.9	−1 889.9	867.1	88.4
12 月 22 日	中潮	−6 410.1	−1 781.8	−223.0	−22.3	580.9	53.6
12 月 23 日		−5 584.4	−1 249.4	−88.4	2 081.1	193.9	5.9
12 月 24 日	小潮	−3 168.1	−727.1	−29.7	2 080.0	421.3	−1.5
12 月 25 日		−811.3	−375.9	−10.4	2 741.0	963.7	−6.4

　　对比 1999 年及 2014 年地形条件下的平流输运强度（如表 8.2），可以看出，口门断面在小潮及小潮后的中潮期间，向海的平流输运强度明显减小，最大减小 5 408.9 kg/s，在大潮及大潮后的中潮期，向海的平流输运强度以增加为主，最大增加 3 623.5 kg/s。对于挂定角及联石湾断面，在小潮、小潮后的中潮期，平流输运方向均发生变化，由 1999 年地形条件下的指向下游变为 2014 年地形条件下的指向上游，大潮期，通过挂定角及联石湾断面向下游的平流输运强度均减小，其中挂定角断面最大减小 464.1 kg/s，联石湾断面最大减小 265.4 kg/s。

表 8.2　河口演变对平流输运强度的影响　　　　　　　　（单位：kg/s）

日期	潮汐类型	1999 年地形盐通量			变化值 (2014—1999 年)		
		口门	挂定角	联石湾	口门	挂定角	联石湾
12 月 10 日	小潮	−7 483.0	−1 747.3	−302.8	5 408.9	427.1	15.8
12 月 11 日		−3 142.2	−612.5	−82.6	2 083.7	852.6	160.3
12 月 12 日		−1 431.3	−254.8	−35.8	225.8	830.7	185.9
12 月 13 日	中潮	−1 438.4	−433.0	−99.8	1 085.9	873.6	212.0
12 月 14 日		141.1	−89.0	−79.3	−3 804.5	692.2	186.2
12 月 15 日		−2 923.3	−1 490.0	−594.7	−3 623.5	397.9	42.0
12 月 16 日		−6 370.3	−2 233.5	−955.9	−3 330.8	298.0	17.3
12 月 17 日	大潮	−8 568.9	−3 574.4	−1454.5	−2 965.4	54.9	38.5
12 月 18 日		−10 095.5	−3 995.8	−1445.3	−2 508.2	173.1	65.8
12 月 19 日		−11 502.7	−4 203.2	−1295.5	−1 023.5	464.1	265.4
12 月 20 日		−11 418.0	−3 384.7	−890.8	1 070.2	316.4	261.2

日期	潮汐类型	1999 年地形盐通量			变化值（2014—1999 年）		
		口门	挂定角	联石湾	口门	挂定角	联石湾
12 月 21 日		−9 140.7	−2 401.7	−495.7	−23.8	−7.4	156.0
12 月 22 日	中潮	−7 755.7	−1 986.4	−319.2	−815.9	−142.3	95.4
12 月 23 日		−7 026.1	−1 585.0	−172.5	−493.5	−115.7	57.3
12 月 24 日	小潮	−6 332.9	−1 100.5	−75.0	−903.6	−74.0	24.4
12 月 25 日		−6 613.8	−898.3	−38.6	2 513.6	−135.6	−17.3

对比 1999 年及 2014 年地形条件下的稳定剪切输运强度（如表 8.3），可以看出，小潮期的第 1 天，通过口门断面向上游的稳定剪切输运强度相比 1999 年地形条件增强，而后在中潮期，以减弱为主，减小幅度介于 99.7 ~ 623.4 kg/s 之间。对于挂定角断面，在整个半月潮周期中，通过该断面向上游的盐通量均增加，其中在小潮及小潮后的中潮期，增加幅度介于 209.8 ~ 900.7 kg/s 之间，在大潮及大潮后的中潮期，增加幅度介于 174.1 ~ 1 266.3 kg/s之间。对于联石湾断面，在整个半月潮周期中，通过该断面向上游的稳定剪切输运强度以减小为主，最大减小 71.3 kg/s。

表 8.3　河口演变对稳定剪切输运强度的影响　　　　　　　　　（单位：kg/s）

日期	潮汐类型	1999 年地形盐通量			变化值（2014—1999 年）		
		口门	挂定角	联石湾	口门	挂定角	联石湾
12 月 10 日	小潮	1 347.1	610.8	100.0	736.5	587.7	−63.8
12 月 11 日		1 528.9	513.3	127.5	−623.4	900.7	−39.1
12 月 12 日		581.8	307.4	93.9	−99.7	443.5	−44.4
12 月 13 日	中潮	338.6	394.4	81.9	−214.1	630.1	−35.8
12 月 14 日		143.1	204.2	84.2	1.5	209.8	−54.2
12 月 15 日		70.3	169.9	85.5	420.0	174.1	−34.5
12 月 16 日		325.7	461.3	107.3	55.3	362.5	−49.6
12 月 17 日		168.3	527.4	153.3	387.5	1266.3	−71.3
12 月 18 日	大潮	199.8	551.1	123.6	439.1	649.4	−36.9
12 月 19 日		365.6	556.0	113.4	547.8	691.0	−36.1
12 月 20 日		650.5	476.5	55.6	−85.8	804.9	−11.2

日期	潮汐类型	1999 年地形盐通量			变化值（2014—1999 年）		
		口门	挂定角	联石湾	口门	挂定角	联石湾
12 月 21 日	中潮	711.6	423.9	24.2	−143.1	927.0	−4.4
12 月 22 日		661.6	270.7	14.7	107.9	708.0	−0.2
12 月 23 日		776.9	229.1	4.3	623.2	254.1	2.8
12 月 24 日	小潮	1 186.2	207.7	1.8	1617.4	339.7	0.8
12 月 25 日		2 504.3	390.3	2.1	74.8	997.7	1.7

表 8.4 为 2014 年地形条件下潮汐震荡输运强度与 1999 年的对比情况，从中可以看出，小潮及小潮后的中潮期，通过口门断面向上游潮汐震荡输运强度以减小为主，最大减小 1 165.9 kg/s，挂定角及联石湾断面以增加为主，最大增加幅度分别为 237.6 kg/s 及 200.9 kg/s。大潮期，通过口门断面向上游潮汐震荡输运强度以增加为主，最大增加 3 074.1 kg/s，而挂定角及联石湾断面以减小为主，最大减小幅度分别为 907.8 kg/s 及 562.2 kg/s。大潮后的中潮期，通过口门断面向上游潮汐震荡输运强度变化幅度介于 −1 827.9~1 854.0 kg/s 之间，挂定角断面变化幅度介于 −20.0~59.2 kg/s 之间，联石湾断面减小幅度介于 −44.6~67.5 kg/s 之间。

表 8.4 河口演变对潮汐震荡输运强度的影响 （单位：kg/s）

日期	潮汐类型	1999 年地形盐通量			变化值（2014—1999 年）		
		口门	挂定角	联石湾	口门	挂定角	联石湾
12 月 10 日	小潮	2 921.2	130.5	98.4	−427.6	149.5	25.2
12 月 11 日		2 787.6	320.9	213.5	−844.8	83.3	200.9
12 月 12 日	中潮	2 367.4	655.7	362.4	−276.4	237.6	123.6
12 月 13 日		2 915.3	1 091.6	747.4	78.7	−264.4	194.5
12 月 14 日		3 592.4	901.2	936.0	−1 165.9	−87.2	−318.4
12 月 15 日	大潮	2 595.4	326.9	399.6	3074.2	94.0	−327.6
12 月 16 日		4 642.5	772.5	546.4	64.5	170.6	−526.1
12 月 17 日		4 104.9	−9.7	74.0	−589.3	−907.8	−232.7
12 月 18 日		3 201.0	−443.5	−208.5	342.6	−527.3	−562.2
12 月 19 日		2 844.8	−968.9	−179.1	2525.3	−337.9	−500.6
12 月 20 日		3 764.7	−569.4	−92.3	−77.5	−128.7	−206.3

日期	潮汐类型	1999 年地形盐通量			变化值（2014—1999 年）		
		口门	挂定角	联石湾	口门	挂定角	联石湾
12 月 21 日	中潮	2 997.2	−158.1	21.1	−1 827.9	−20.0	−67.5
12 月 22 日		690.4	−58.0	73.1	551.2	36.5	−44.6
12 月 23 日		642.8	116.8	74.8	1 854.0	59.2	−54.0
12 月 24 日	小潮	1 999.5	174.4	42.8	1 198.3	162.1	−28.7
12 月 25 日		3 379.5	145.8	25.8	−44.3	128.0	8.6

磨刀门水道咸潮上溯从半月潮周期的小潮期开始，河道底部高盐水聚集，盐度垂向分层明显，而后随着潮差的加大，表底层盐度混合加强，水道上游咸潮上溯强度增强，至中潮期，上游水道盐度达到半月峰值，而后咸潮上溯强度减弱。通过对磨刀门水道控制断面盐通量过程的分解可以得出，小潮及小潮后的中潮前期，磨刀门水道向下游平流输运强度的减弱及通过挂定角向上游的稳定剪切输运强度的增强是导致咸潮上溯强度增加的主要原因，而潮汐震荡作用的增加则进一步加剧了磨刀门水道的咸潮上溯。

8.5　本章小结

本章构建了 1999 年地形及 2014 年地形条件下、不同阶段拦门沙地形条件下的河口咸潮上溯数学模型，针对枯季典型水文组合（"2009.12"）条件下的磨刀门水道咸潮上溯过程进行了计算分析，研究了珠江河口演变及河口拦门沙演变对咸潮上溯过程的影响，主要结论如下：

（1）珠江河口演变对河网及口门分流比具有重要影响。在 2014 年地形条件下，天河站涨落潮流量变化幅度大于 1999 年地形条件，2014 年地形条件下的平均涨落潮流量增加约 1 000 m³/s。

（2）在小潮期，盐度在底部聚集，随着潮差的加大，磨刀门水道咸潮上溯距离在小潮后的中潮期达到最大，而后逐渐消退，直至下个半月潮周期的小潮期，咸潮上溯的过程快于咸潮消退的过程。

（3）河床下切导致进入磨刀门水道底部的盐水楔厚度及长度加大，小潮后的中潮期，磨刀门水道咸潮上溯强度加大。河口倒坡降地形导致河口重力环流加大，外海高盐水团进入磨刀门水道后易于困在河床底部，不易退出，导致咸潮消退速度减缓。

（4）河口演变影响磨刀门水道咸潮上溯通道。1999 年地形条件下，挂定角左岸深槽为主要咸潮上溯通道，右岸深槽为主要淡水下泄通道。2014 年地形条件下，挂定角右岸深槽有替代左岸深槽成为咸潮上溯主通道的趋势。

（5）磨刀门水道向上游净通量的最大值出现在小潮后的中潮期，且距离口门位置越远，净通量越小，至挂定角以上断面，净通量显著减小。在整个半月潮周期中，平流输送作用主要将磨刀门水道盐度往口外输送，在大潮期，平流输送作用最为显著。稳定剪切作用向磨刀门上游输送盐度，且在小潮期间强度较大。潮汐震荡作用主要向磨刀门水道内输送盐度，中潮及大潮期强度基本大于小潮期。

（6）小潮后的中潮期，较小强度的向下游的平流输运作用与较高强度的向上游潮汐震荡输运作用是导致该时段向磨刀门水道输运盐分强烈的主要原因。而后虽然潮汐震荡输运随着潮汐强度的增加而增强，但平流输运强度增幅更快，导致从大潮开始，磨刀门水道咸潮开始消退。

（7）珠江河口演变导致磨刀门水道向上游的稳定剪切输运强度增强，并在一定程度上抑制了向下游的平流输运强度，从而导致磨刀门咸潮上溯强度加剧，而潮汐震荡作用的增加则进一步加剧了磨刀门水道的咸潮上溯。

第9章 河口咸潮预测预报系统研制及应用

河口咸潮数值预报涉及众多的专业数学模型，包括遥感反演模型、边界预报模型、河口水动力模型、河口咸潮模型等。由于各数学模型算法复杂，输入输出文件繁多，模型之间的衔接困难，不便于操作。当计算条件（如计算时段）发生改变时，模型前处理（数据准备）通常需要耗费大量时间。同时，这些模型的计算结果为一系列文本文件，不够清晰直观，对结果的后处理（主要为预报结果的展示）通常需要借助于第三方软件，如 Excel、Surfer、Tecplot 等，工作量大，效率低。本章采用组件技术、ComGIS 技术，对计算、演示、分析等组件进行了集成，建立了基于三层 C/S 架构模式的珠江河口全二维咸潮数值预报系统。

9.1 系统集成开发技术

系统集成开发涉及数学模型组件开发技术、ComGIS 开发技术等。

（1）组件技术。

咸潮预报系统软件以大量的数学模型、计算方法为支撑，这些模型和计算方法以组件的形式存在，具备复用、封装、组装、定制等基本性质。

（2）ComGIS 技术。

采用 ComGIS 技术对咸潮预报结果进行可视化表达。ComGIS 是面向对象技术和组件式软件在 GIS 软件开发中的应用。ComGIS 控件与其他的软件或控件是通过标准的接口通信，而且这种通信是可以跨程序、跨计算机的。ComGIS 为新一代 GIS 应用提供了全新的开发工具。同传统 GIS 比较，这一技术具有多方面的特点，包括：无缝集成、跨语言使用、易于推广、成本低、无限扩展性、可视化界面设计等。

9.2 数据流程分析

咸潮预报的计算过程涉及遥感反演模型、边界预报模型、珠江河口全二维水动力模型、珠江河口全二维咸潮模型等。在本研究中，遥感反演计算是利用 ENVI 软件完成的，而边界预报模型、珠江河口全二维水动力模型、珠江河口全二维咸潮预报模型基于 FOR-TRAN 语言编写，由于本系统采用 C#进行开发，为充分结合 FORTRAN 语言较强的数值计算能力及 C#在可视化操作界面方面的优势，采用组件方式分别对模型进行封装，模型接口以标准化的文本文件的形式实现通信，分为外部接口及内部接口。外部接口主要用来接收遥感反演模型计算得到的网格初始盐度数据。内部接口主要用来实现 FORTRAN 模型组件之间的通信。其中边界预报模型组件主要用来预报水动力模型计算所需的外海潮位边界数据，水动力模型组件用于提供咸潮预报所需的流速、水位等信息。由于水动力模型计算时间步长一般大于咸潮模型，采用在咸潮模型中设置子时间步长的方法，相应的水动力信息根据子时间步长进行插值获得，而无需将水动力模型时间步长设置成与咸潮模型一致，这样处理有利于提高模型计算效率。此外，由于计算网格数量众多，为提高模型的输入输出效率，水动力信息文件以二进制格式进行存储。咸潮预报计算流程及接口如图 9.1 所示。

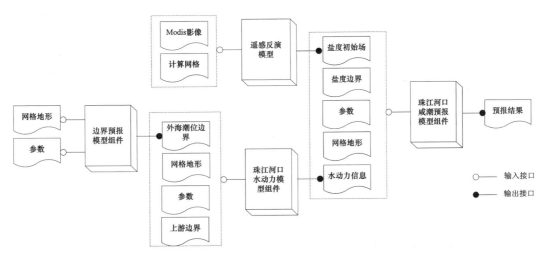

图 9.1　模型接口示意

9.3　系统体系结构

珠江河口全二维咸潮预报系统分为三个层次：数据资源层、专业模型层和服务层（如图 9.2 所示）。数据资源层由基础空间及属性数据组成，主要为专业模型层提供数据支持。专业模型层包含了遥感反演模型、边界预报模型、珠江河口全二维水动力模型、珠江河口全二维咸潮预报模型。模型计算结果通过 GIS 平台统一展示，服务层则包含了地理信息、预报计算、结果可视化、咸情统计等模块。其中地理信息模块提供珠江流域范围内行政区划、流域水系、咸情测站等地理信息的查询功能。预报计算模块是系统的核心功能模块，包含方案设置、预报计算等内容。结果可视化模块主要提供对珠江河口网河区及口外海域潮位过程、盐度过程、流速、流向过程以及流场等的可视化分析功能。咸情统计模块主要提供对主要取水口的超标时数、取淡几率、平均咸度、最大咸度等的统计分析功能。

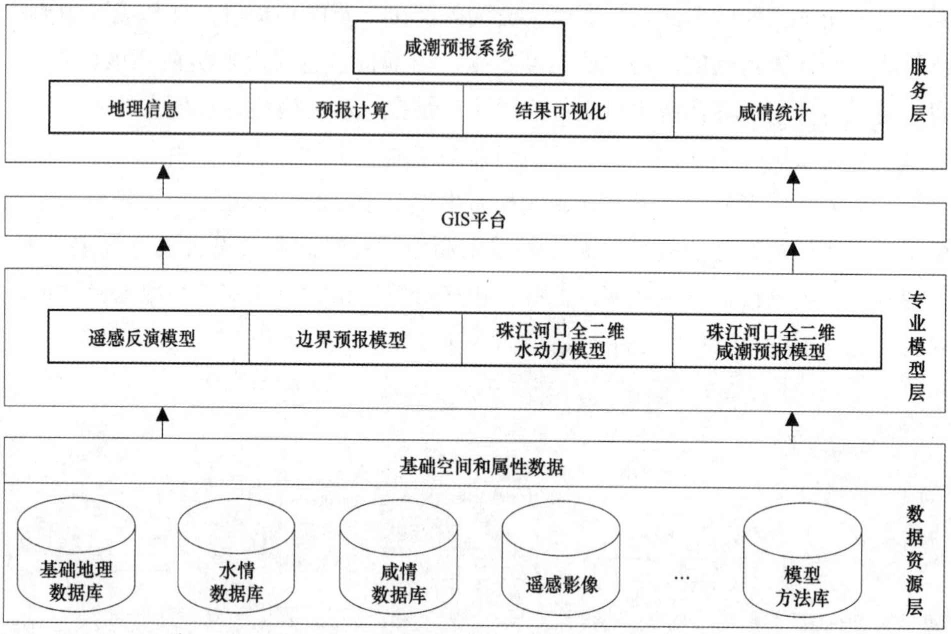

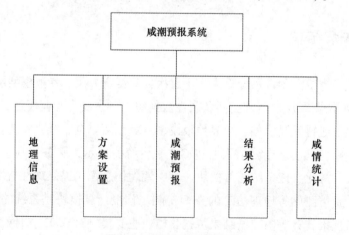

图 9.2　系统层次结构

9.4　系统功能结构

珠江河口全二维咸潮预报系统以二维水动力模型、盐度扩散模型作为支撑，通过总控程序构成决策支持系统的运行环境，辅以友好的人机界面和人机对话过程，主要包括地理信息、方案设置、咸潮预报、结果分析、咸情统计等模块（如图9.3）。

图 9.3　系统总体功能结构

地理信息模块提供珠江流域范围内行政区划、流域水系、咸情测站等地理信息的查询功能。

方案设置模块可设定咸潮预报的时间段、流量边界条件等内容。

咸潮预报模块是系统的核心功能模块，其基础是外海潮位预报模型、珠江河口全二维水动力学模型、盐度扩散模型等。系统先通过调用外海潮位预报模型生成珠江河口全二维模型运行所需的外海开边界条件，然后依次调用珠江河口全二维水动力学模型、盐度扩散模型对思贤滘以下西江干流河道盐度过程进行预报。

结果分析模块主要提供对珠江三角洲网河及口外海域潮位过程、盐度过程、流速、流向过程以及流场等的分析功能。

咸情统计模块主要提供对思贤滘以下西江干流河道主要取水口的超标时数、取淡几率、平均咸度、最大咸度等的统计分析功能。

本系统结果分析显示见图 9.4 至图 9.11。

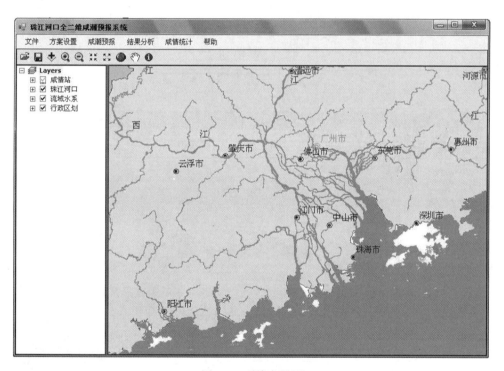

图 9.4　系统主界面

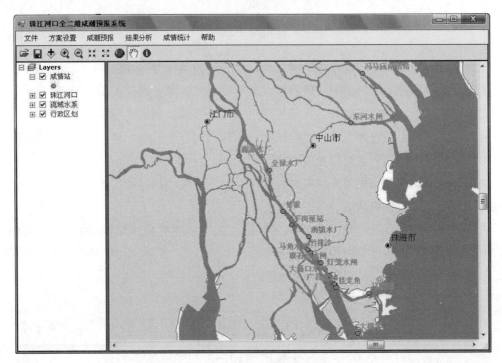

图 9.5　咸情测站

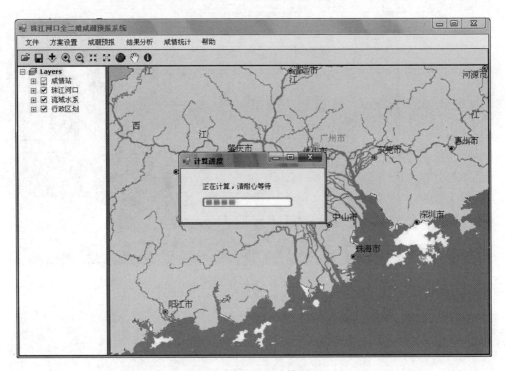

图 9.6　咸潮预报计算页面

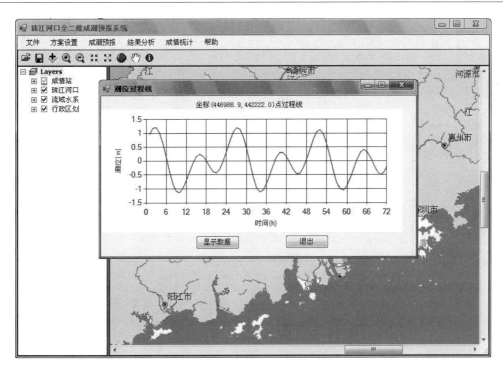

图 9.7 潮位过程线

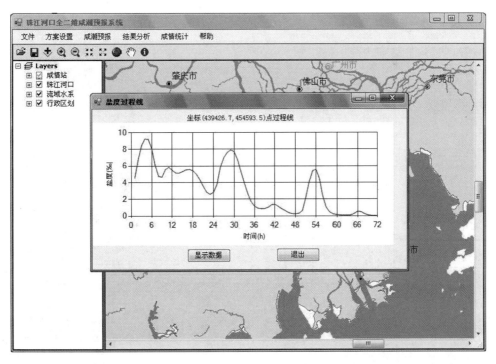

图 9.8 盐度过程线

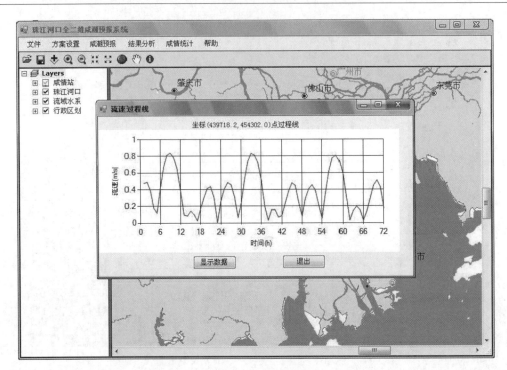

图 9.9　流速过程线

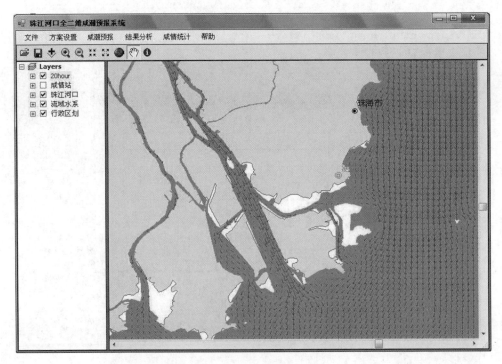

图 9.10　流场

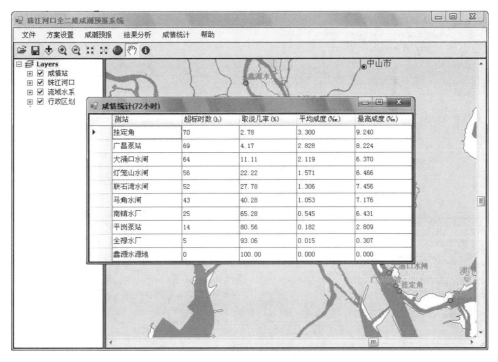

图 9.11　磨刀门水道主要取水口咸情统计

9.5　应用分析

咸潮数值预报系统预报时间最长为一个完整的半月潮周期（15 天）。用户可通过预报计算模块对模型计算时间及上游流量边界条件进行设定，在本应用实例中，计算时间设定为 2012 年 1 月 9 日 8 时至 12 日 8 时（总计算时长为 72 h），西江上游边界流量设置为 1 500 m³/s，北江上游流量边界设为 220 m³/s，外海潮位边界通过系统自动调用边界预报计算获得，珠江河口水动力模型时间步长设为 100 s，咸潮预报模型时间步长设为 2 s。

根据我国饮用水质标准，当盐度大于 0.5 时定为超标，当咸潮上溯强度过大、超标时间过长时，就会导致供水危机。图 9.12 为预报时段内磨刀门水道主要取水口咸情统计结果，从图中可以看出，位于最下游的挂定角站盐度超标时间最长，相应的取淡几率最小，平均盐度最高，越往上游，盐度超标时间及平均盐度逐渐减小，相应的取淡几率逐渐增加。这是因为外海高盐水团在借助涨潮流沿着河口的潮汐通道向上推进的过程中，受河道下泄淡水径流影响，盐淡水逐渐混合所致。到平岗泵站，取淡几率已超过 80%，证明该取水口已受咸潮影响较小。而最上游的取水口鑫源水厂则完全未受到咸潮的影响。模型计算得出的盐度变化规律与实际情况是一致的。

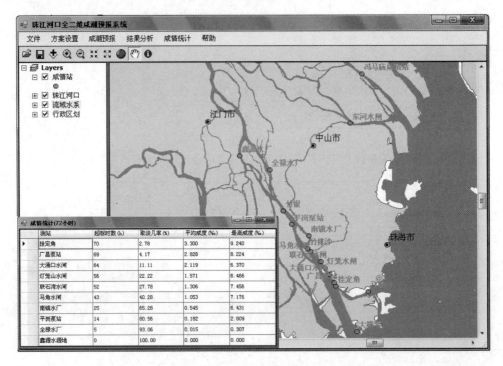

图 9.12　咸情统计

第10章 基于抽压水系统的河口抑咸对策研究

如何减轻河口地区的咸潮上溯强度是一个世界性的难题，潜坝、挡潮闸等工程抑咸措施由于影响泄洪、航运等河口功能，难以在珠江河口地区实施。水利部珠江水利委员会从2005年开始，开创性地在枯水期采用增大珠江上游水库下泄径流量的方式，连续多次实施压咸补淡统一调度，有效保证了该区域的供水安全。本章提出了基于抽压水系统的河口抑咸思路，通过在河口可回收浮体上安装抽压水系统，在本地抽取河道表层淡水，将其压入底层盐水楔中，加强底层盐淡水的混合，降低底层盐水浓度，从而达到减轻咸潮上溯强度的目的。这种抽压水系统造价低，能耗小，操作简便，不影响河口泄洪、航运等，是一种优势较明显的缓解咸潮上溯的方法。

10.1 研究背景

河口地区盐水和淡水的交界面会随潮汐和径流的往复作用而呈现周期性的前进和后退。近年来，由于人工挖沙、航道整治、滩涂围垦等工程的影响，珠江河口特别是位于西江出海口的磨刀门河口地形发生了很大变化，河口出现倒坡降地形——口门拦门沙发育，河道倒坡降地形明显（见图10.1）。外海高盐水随前期潮汐动力涌入河口后，受地形（特别是利于纳潮的倒坡降地形）影响受困于河床底部来不及退出，并影响下阶段的咸潮上溯过程，加剧了咸潮灾害。若能处理河底长期残留的高盐度水体，可在一定程度上减小磨刀门河口的咸潮上溯强度，从而提高磨刀门水道沿线取水口的取淡几率。

珠江三角洲目前主要的抑咸措施是通过从上游水库调水压咸的方式。珠江河口的枯季水量调度经历了被动应急、主动调控和统一调配的过程，形成了"避涨压落""打头压尾"等一系列抑咸调度策略，但是这些都是基于半月周期（或更长周期）的定性模糊策略；另外，现有抑咸水量调度均基于上游骨干水库群的联合调度，仅仅依靠调水加大径流量来抑咸，由于水系的复杂性，调水线路长且损耗大。因此，现有抑咸水量调度抑咸效果的可控性和预见性较差，抑咸调水量的利用率仍然不高。磨刀门河口是珠江河口重要的泄洪通道，同时又是重要航道，因此潜坝、挡潮闸等工程抑制措施均不适用于该地区。本章提出了一种全新的河口抑咸思路，即通过在河口可回收浮体上安装抽压水系统，抽取河道表层淡水，将其压入底层盐水楔中，加强底层盐淡水的混合，降低底层盐水浓度，从而达到减轻咸潮上溯强度的目的。这种抽压水系统造价低、能耗小、操作简便，水资源能得到

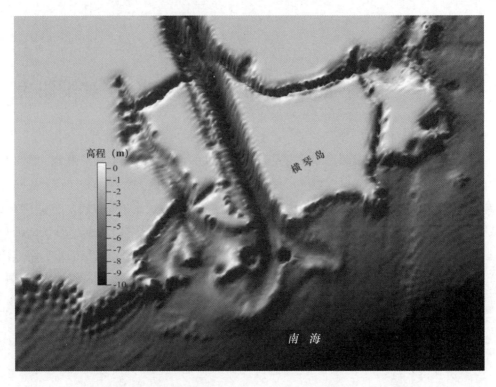

图 10.1　珠江磨刀门河口 DEM 地形（为 2011 年地形，珠江基面）

充分利用，系统可在枯季使用、洪季回收，可布置在河岸边，从而即不影响泄洪，也不影响航运，对自然环境的影响也较小，是一种优势很明显的缓解咸潮上溯的方法。

10.2　抽压水系统设计思路

10.2.1　抽压水系统介绍

抽压水系统装置包括河口可回收浮体、河口 PE 平台、抽压水系统、进水水管、进水口、出水水管、出水喷头、盐度计、信号发射器、信号接收器等几个部件。所用装置将抽压水系统安装在一个由河口可回收浮体支承的浮于河道表面以上的平台上，河口可回收浮体造型为扁圆柱体构造，其上有锁钩，用于与平台固定，减少相互间的滑动，河口可回收浮体共计四个，支承于平台四角，浮体和平台均采用 PE 材质，枯季使用、洪季回收。装置的安装一般选取河流浓度分层现象明显、掺混很弱的位置。河口可回收浮体较之于工作船，成本低廉且易于搬运。抽、压水系统分别通过软管连接进水口和出水口，软管采用耐腐蚀的 PVC 材料。进水口布置于河道表层，便于吸取表层淡水；出水口通过软管伸入河底，软管上有横向的喷头，喷头采用不锈钢材质，通过吸取上层淡水并使淡水在底部喷出，促进盐淡水局部掺混，降低底层盐水浓度，破坏原有盐水楔。系统的工作时间一般选择为潮流涨潮期，此时系统能耗少，工作效率较高。盐度计设置在抽压水系统的上游，定时测定水体中氯离子浓度并通过安装在盐度计上的信号发射器发射水体盐度信息。抽压水系统通过安装在装置上的信号接收器接收盐度计发来的盐度信息，并自动调节装置排水量。在水体盐度较低时降低排水量，而在水体盐度较高时升高排水量，促进水体充分掺混。

10.2.2 抽压水系统安装和使用步骤

抽压水系统的安装和使用主要包括如下步骤：

（1）在潮流的涨潮期，将装载有抽压水机械的河口可回收浮体布置在盐水楔头部水域的河岸边，从岸上为其接入电源。

（2）将进水口的管线布置在河流表层，使其能够抽取表层淡水。

（3）将出水口管线顺边坡下放，垂直于水流方向布置于河底，使喷头喷水口横向布置。

（4）启动压水机械使其运作，吸取上层淡水，并使淡水横向喷出，促进盐淡水横向掺混，降低底层浓度，破坏原有盐水楔。

（5）在装置上游安设盐度计，打开信号发射器，定时测定上游来水的氯离子浓度并及时反馈给抽压水系统。

（6）监测水域浓度变化程度，随时调整河口可回收浮体离出海口距离，使其始终在盐水楔头部工作。

10.2.3 具体实施方式

图 10.2 至图 10.4 分别为抽压水系统沿河道横断面、纵断面、总平面布置，图 10.5 为抽压水机械的局部放大示意图。抽压水系统包括进水口（编号 1），进水管道（编号 2），河口可回收浮体（编号 3），耐腐平板（编号 4），出水管道（编号 5），出水口（编号 6），进出水管道均连接到压水机械上，压水机械内部主要有 3 个阀门（编号 7、8、9），盐度计（编号 10），信号接收器（编号 11）和 1 个活塞控制。

实施方式如下。

（1）工作前准备。布置机械时，参考图 10.2 将由四个河口可回收浮体支承的耐磨平板安置在河道靠岸处，平板上安置抽、压水系统，沿岸位置宜选取在盐水楔头部。布置进水管道和选取进水口位置，进水口的位置宜选取在表层河水浓度较低处，可较为向上游布置进水口。出水管道沿河岸下放，靠近河底处变向，垂直河道布置于河底，使管道上的出水喷头横向放置。

（2）工作原理。参考图 10.5 将机械按上述布置完成并接通电源后，压水机械会按照

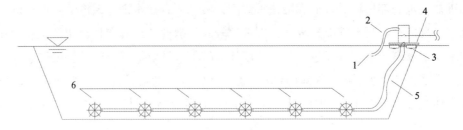

图 10.2 抽压水系统沿河道横断面布置示意

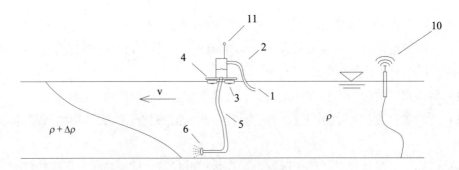

图 10.3 抽压水系统沿河道纵断面布置示意

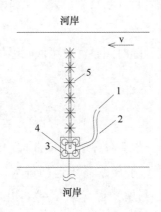

图 10.4 抽压水系统总平面布置

如下步骤运行：① 阀门 7、8 开启，淡水通过进水口和进水管道进入压水机械；② 阀门 8 关闭，阀门 9 开启，同时活塞向下运动，将仓格内的水通过阀门 9 压入出水管道，并通过出水喷头向上喷出；③ 阀门 7、9 关闭，同时阀门 8 开启，活塞向上运动，回到初始位置，从步骤①开始进行循环。

　　布置在压水机械上游的盐度计作用为测量上游来水的盐度，进行盐度的自动判别，从而进行系统排水量的自我控制与调节。盐度计通过太阳能发射 wifi 信号，由压水机械通过信号接收器进行接收。在上游来水盐度较低的时候，降低压水机械的排水量；而当上游来

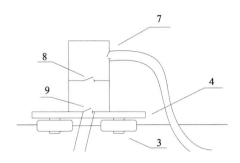

图 10.5　抽压水机械的局部放大示意

水盐度超过阈值时，增大压水机械排水量，达到系统自动感应上游盐度、控制排水量，降低系统能耗、促进水体盐淡水，无需对机械系统进行人为干预。

10.3　抽压水对咸潮上溯距离的影响分析

10.3.1　抽压水时机的选择

根据第 5 章对磨刀门河口咸潮上溯规律的分析可知，小潮期间，磨刀门水道盐水处于高度分层状态，底层积蓄着浓度较高的盐水，在之后的中潮期间，随着潮差逐渐增大，垂向混合逐渐增强，底层积蓄的盐分逐渐掺混至表层，咸潮上溯强度明显增强。为减弱小潮期间盐水在底部蓄积对咸潮上溯的影响，可通过在河口可回收浮体上安装抽压水系统，抽取河道表层淡水，将其压入底层盐水楔中，加强底层盐淡水的混合，降低底层盐水浓度，从而达到减轻咸潮上溯强度的目的。

本章以"2009.1"水文组合为例，考虑在小潮期间（2009 年 1 月 17 日 0 时至 1 月 21 日 0 时）抽压水，抽压水时间如图 10.6 所示。

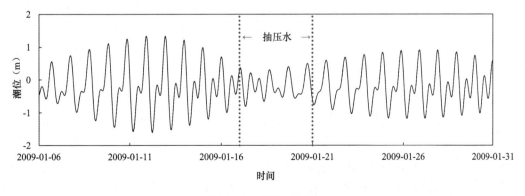

图 10.6　抽压水时间

10.3.2 抽压水位置及流量影响分析

本章所说的咸潮上溯距离定义为以口门附近 M2 测量点为起始点，向上游沿河道纵剖面到底部盐度为 0.5 处的距离，咸潮上溯距离分瞬时和潮周期平均（25 h 平均）进行分析。

考虑不进行抽压水的工况（$Q = 0 \ \text{m}^3/\text{s}$）作为控制试验。对不同位置及流量下的咸潮上溯距离进行对比，以此评价抽压水系统对咸潮上溯的抑制效果。抽压水系统分别设置在 M3、M4 或 M5 测量点所在断面，横断面深槽上每 100 m 布置一个喷水口，共布设 6 个，喷水口直径设为 1 m，喷水流量按表 10.1 所示进行设置。

表 10.1 喷水流量及对应流速

喷水流量（m^3/s）	对应流速（m/s）
10	12.7
20	25.5
30	38
40	50.9

10.3.2.1 M3 断面抽压水

在 M3 测量点所在断面设置抽压水系统，共考虑 4 种工况——工况 1：$Q_{M3} = 10 \ \text{m}^3/\text{s}$、工况 2：$Q_{M3} = 20 \ \text{m}^3/\text{s}$、工况 3：$Q_{M3} = 30 \ \text{m}^3/\text{s}$ 和工况 4：$Q_{M3} = 40 \ \text{m}^3/\text{s}$。图 10.7、图 10.8 分别为计算时段内 4 种工况的瞬时及潮周期平均咸潮上溯距离对比情况，从中可以看出，4 种工况的咸潮上溯距离最大值均出现在小潮后的中潮期，小潮期在 M3 断面喷水后，各工况下的瞬时及潮周期平均咸潮上溯距离均有所减小，特别是小潮后的中潮期，咸潮上溯强度减弱趋势明显，说明抽压水系统能有效减弱咸潮上溯强度。工况 3（$Q_{M3} = 30 \ \text{m}^3/\text{s}$）咸潮上溯距离减小趋势最为明显，表明在 M3 测量点所在断面布设抽压水系统对减弱咸潮上溯的效果相对最好。

各工况瞬时最大和潮周期平均最大咸潮上溯距离如图 10.9 所示。工况 1 瞬时最大和潮周期平均最大咸潮上溯距离分别为 32.68 km 和 27.12 km，相较不进行抽压水的工况，分别减小 2.20 km 和 2.51 km。工况 2 瞬时最大和潮周期平均最大咸潮上溯距离分别为 30.90 km 和 25.12 km，相较不进行抽压水的工况，分别减小 3.98 km 和 4.51 km。工况 3 瞬时最大和潮周期平均最大咸潮上溯距离分别为 30.60 km 和 24.95 km，相较不抽压水工况，分别减小 4.28 km 和 4.68 km。工况 4 瞬时最大和潮周期平均最大咸潮上溯距离分别为 31.19 km 和 25.68 km，相较不进行抽压水工况，分别减小 3.69 km 和 3.95 km。

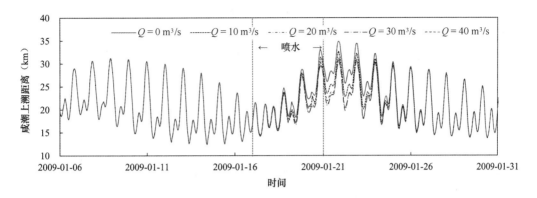

图 10.7　不同流量下瞬时咸潮上溯距离（M3 断面抽压水）

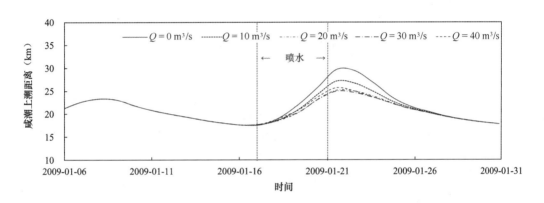

图 10.8　不同流量下潮周期平均咸潮上溯距离（M3 断面抽压水）

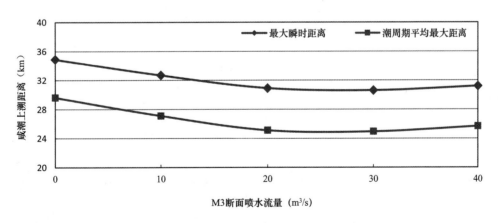

图 10.9　不同流量下最大咸潮上溯距离对比（M3 断面抽压水）

10.3.2.2　M4 断面抽压水

在 M4 测量点所在断面设置抽压水系统，共考虑 3 种工况——工况 5：$Q_{M4} = 10 \ m^3/s$、工况 6：$Q_{M4} = 20$ m³/s、工况 7：$Q_{M4} = 30$ m³/s。图 10.10、图 10.11 分别为计算时段内 3 种工况的瞬时及潮周期平均咸潮上溯距离对比情况，从中可以看出，小潮期在 M4 断面喷水后，咸潮上溯强度呈减弱趋势，其中工况 6（$Q_{M4} = 20$ m³/s）对减弱咸潮上溯的效果相对最好。

各工况瞬时最大和潮周期平均最大咸潮上溯距离如图 10.12 所示。总体来看，在 M4 断面布置抽压水系统的抑咸效果不如在 M3 断面布置明显。工况 5 瞬时最大和潮周期平均最大咸潮上溯距离分别为 34.08 km 和 28.45 km，相较不进行抽压水的工况，分别减小 0.80 km 和 1.18 km。工况 6 瞬时最大和潮周期平均最大咸潮上溯距离分别为 33.18 km 和 27.50 km，相较不进行抽压水的工况，分别减小 1.70 km 和 2.13 km。工况 7 瞬时最大和潮周期平均最大咸潮上溯距离分别为 33.46 km 和 27.95 km，相较不抽压水工况，分别减小 1.42 km 和 1.68 km。

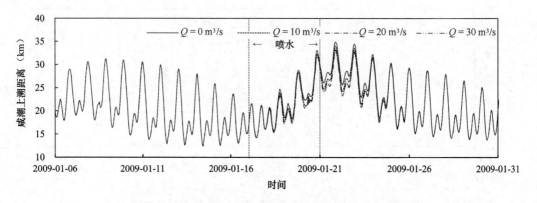

图 10.10　不同流量下瞬时咸潮上溯距离（M4 断面抽压水）

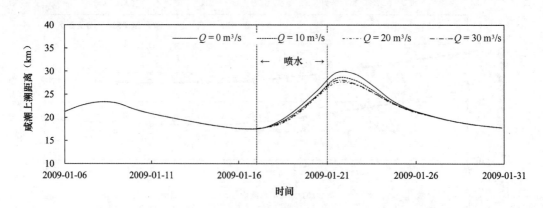

图 10.11　不同流量下潮周期平均咸潮上溯距离（M4 断面抽压水）

10.3.2.3　M5 断面抽压水

在 M5 测量点所在断面设置抽压水系统，共考虑 4 种工况——工况 8：$Q_{M5} = 10$ m³/s、

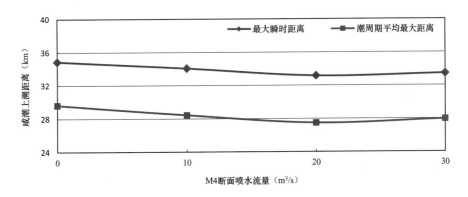

图 10.12　不同流量下咸潮上溯距离对比（M4 断面抽压水）

工况 9：$Q_{M5} = 20\ m^3/s$、工况 10：$Q_{M5} = 30\ m^3/s$、工况 11：$Q_{M5} = 40\ m^3/s$。图 10.13、图 10.14 分别为计算时段内 4 种工况的瞬时及潮周期平均咸潮上溯距离对比图，从中可以看出，小潮期在 M5 断面喷水后，所有工况均有利于减小河口咸潮上溯，其中工况 10（$Q_{M5} = 30\ m^3/s$）对减弱咸潮上溯的效果相对最好。

各工况瞬时最大和潮周期平均最大咸潮上溯距离如图 10.15 所示。总体来看，在 M5 断面布置抽压水系统的抑咸效果不如在 M3 断面布置明显。工况 8 瞬时最大和潮周期平均最大咸潮上溯距离分别为 32.98 km 和 27.37 km，相较不进行抽压水的工况，分别减小 1.90 km 和 2.26 km。工况 9 瞬时最大和潮周期平均最大咸潮上溯距离分别为 31.29 km 和 25.82 km，相较不进行抽压水的工况，分别减小 3.59 km 和 3.81 km。工况 10 瞬时最大和潮周期平均最大咸潮上溯距离分别为 31.29 km 和 25.70 km，相较不抽压水工况，分别减小 3.59 km 和 3.93 km。工况 11 瞬时最大和潮周期平均最大咸潮上溯距离分别为 32.38 km 和 27.52 km，相较不进行抽压水工况，分别减小 2.50 km 和 2.11 km。

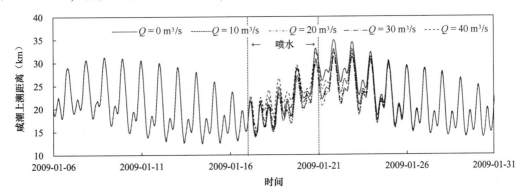

图 10.13　不同流量下瞬时咸潮上溯距离（M5 断面抽压水）

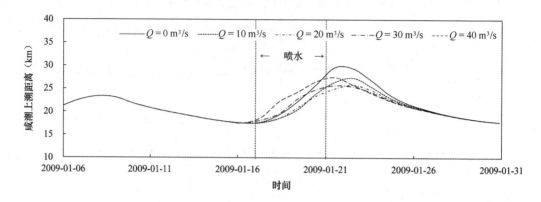

图 10.14　不同流量下潮周期平均咸潮上溯距离（M5 断面抽压水）

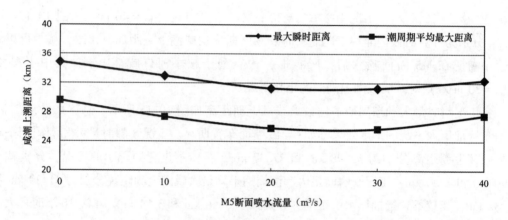

图 10.15　不同流量下咸潮上溯距离对比

10.4　抑咸效果综合分析

数值模拟试验结果表明，抽压水系统有利于减缓磨刀门河口咸潮上溯强度，磨刀门水道咸潮上溯强度一般在小潮后的中潮期强度最大，在小潮期间抽压水能够有效地改善小潮及小潮后中潮期的咸潮上溯强度。

抽压水流量及位置选择对咸潮上溯强度的影响较大。在相同喷水流量条件下，在底部高盐水团附近（M3 测量点所在断面）喷水的抑咸效果要优于其他断面（M4、M5 测量点所在断面）。断面喷水流量存在临界值，当小于该值时，咸潮上溯强度随着该值的增大逐渐减弱，当大于该值时，咸潮上溯强度随着该值的减小逐渐增强。M3 和 M5 断面喷水临界流量为 30 m³/s，M4 断面喷水临界流量为 20 m³/s。通过对临界流量条件下的咸潮上溯距离进行对比（图 10.16、图 10.17），表明在 M3 测量点所在断面喷水对减弱咸潮上溯的效果最好，这主要是由于小潮期间磨刀门水道盐水楔位于 M3 测量点所在断面附近，当在该断面表层抽取河道淡水，将其压入底层盐水楔中时，盐水楔结构受到一定程度的破坏，底层高盐水无法持续蓄积，使得咸潮上溯强度减弱最为明显。

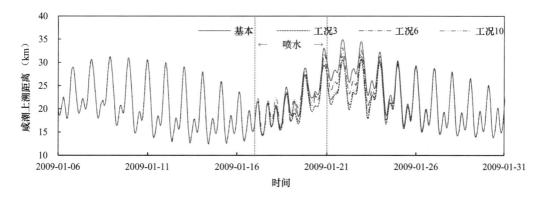

图 10.16　不同位置临界流量条件下的瞬时咸潮上溯强度

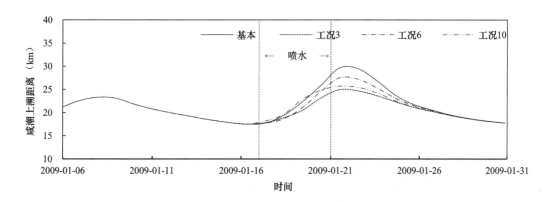

图 10.17　不同位置临界流量条件下的潮周期平均咸潮上溯强度

参考文献

［1］ 水利部珠江水利委员会. 珠江水量调度［M］. 北京：中国水利水电出版社，2013.

［2］ 苏波，何用，卢陈等. 磨刀门咸潮入侵与抑咸技术［M］. 北京：中国水利水电出版社，2013.

［3］ Ippen A T，Harleman D R F. One-Dimensional Analysis of Salinity Intrusion in Estuaries［J］. Technical Bulletin No.5. Corps of Eng. U.S.A.，1961，59：1-52.

［4］ Prandle D. Salinity intrusion in estuaries［J］. Journal of Physical Oceanography，1981，11（10）：1311-1324.

［5］ Savenije H H G. A one-dimensional model for salinity intrusion in alluvial estuaries［J］. Journal of Hydrology，1986，85（1/2）：87-109.

［6］ Savenije H H G. Salt intrusion model for high-water slack，low-water slack and mean tide on spreadsheet［J］. Journal of Hydrology，1989，107：9-18.

［7］ Savenije H H G，Pag′es J. Hypersalinity：a dramatic change in the hydrology of Sahelianestuaries［J］. Journal of Hydrology，1992，135：157-174.

［8］ Savenije H H G. Prediction inungauged estuaries：an integratedtheory［J］. Water Resources Research，2015，51：2464-2476.

［9］ Savenije H H G. Salinity and tides in alluvial estuaries［M］. Amsterdam：Elsevier，2005.

［10］ Nguyen A D，Savenije H H G. Salt intrusion in multi-channel estuaries：a case study in the Mekong Delta，Vietnam［J］. Hydrology and Earth SystemSciences，2006，10（5）：743-754.

［11］ Zhang E F，Savenije H H G，Wu H，et al. Analytical solution for salt intrusion in the Yangtze Estuary，China［J］. Estuarine，Coastal and Shelf Science，2011，91：492-501.

［12］ Nguyen D H，Umeyama M，Shintani T. Importance of geometric characteristics for salinity distribution in convergent estuaries［J］. Journal of Hydrology，2012，448/449：1-13.

［13］ Song Z Y，Huang X J，Zhang HG. One-Dimensional unsteady analytical solution of salinity intrusion in estuaries［J］. China Ocean Engineering，2008，22（1）：113-122.

［14］ Van den Burgh P. Ontwikkeling van eenmethodevoor het voorspellenvanzoutverdelingen in estuaria，kanalen en zeeen［J］. Rijkswaterstaat Rapport，1972，10-72.

［15］ Rigter B P. Minimum length of salt intrusion in estuaries［J］. Journal of the Hydraulics Division Proceedings ASCE，1973，99：1475-1496.

［16］ Fischer H B. Discussion of 'Minimum length of salt intrusion in estuaries' by B P Rigter，1973［J］. Journal of the Hydraulics Division Proceedings，1974，100：708 - 712.

［17］ Prandle D. On salinity regimes and the vertical structure of residual flows in narrow tidal estuaries［J］. Estuarine Coastal and Shelf Science，1985，20：615-633.

［18］ Van Os A G，Abraham G. Density currents and salt intrusion. Delft hydraulics，International Institute for Hydraulic and Environmental Engineering，Lecture Notes. 1990.

[19] Savenije HHG. Predictive model for salt intrusion in estuaries[J]. Journalof Hydrology,1993,148: 203-218.

[20] Prandle D. Saline intrusion in partially mixed estuaries[J]. Estuarine Coastal and Shelf Science,2004,59: 385-397.

[21] Kuijpe K,Van Rijn L C. Analytical and numerical analysis of tides and salinitiesin estuaries; part II:salinity distributions in prismaticand convergent tidal channels[J]. Ocean Dynamics,2011,61:1743-1765.

[22] 陈水森,方立刚,李宏丽,等.珠江口咸潮入侵分析与经验模型——以磨刀门水道为例[J].水科学进展,2007,18(5):751-755.

[23] 诸裕良,闫晓璐,林晓瑜.珠江口盐水入侵预测模式研究[J].水利学报,2013,44(9):1009-1014.

[24] 李光辉,孙志林,胡世祥,等.盐水入侵理论预测模型及其在钱塘江河口的应用[J].水力发电学报,2016,35(11):9-15.

[25] Cai H Y,Savenije H H G,Zuo S H,et al. A predictive model for salt intrusion in estuaries.

[26] Rajkumar T,Thompson D E,Clancy D. Optimization of a neural network model using a genetic algorithm: predicting salinity intrusion in the San Francisco Bay Estuary. Technical Report NASA. 2002.

[27] Huang W,Foo S. Neural network modeling of salinity variation in Apalachicola River.[J]. Water Research, 2002,36(1):356-362.

[28] Bowden G J,Maier H R,Dandy G C. Input determination for neural network models in water resources applications. Part 2. Case study:forecasting salinity in a river[J]. Journal of Hydrology,2005,301(1): 93-107.

[29] Qiu C,Wan Y. Time series modeling and prediction of salinity in the Caloosahatchee River Estuary[J]. Water Resources Research,2013,49(9):5804-5816.

[30] 茅志昌,周纪萝,沈焕庭.黄浦江口氯化物预报公式的初步探讨[J].华东师范大学学报(自然科学版),1987(1):72-78.

[31] 陈树中,汤羡样,沈焕庭,等.盐度和流量关系的一个数学模型[J].华东师范大学学报(自然科学版),1988(2):10-14.

[32] Wu H,Zhu J R,Chen B R,et al. Quantitative relationship of runoff and tide to saltwater spilling over from the North Branch in the Changjiang Estuary. A numerical study[J]. Estuarine,Coastal and Shelf Science, 2006,69:125-132.

[33] 沈焕庭,茅志昌,朱建荣.长江河口盐水入侵[M].北京:海洋出版社,2003:100-111.

[34] 陈立,朱建荣,王彪.长江河口陈行水库盐水入侵统计模型研究[J].给水排水,2013,39(7):162-165.

[35] 孙昭华,严鑫,谢翠松等.长江口北支倒灌影响区盐度预测经验模型[J].水科学进展,2017,28(2):213-222.

[36] 李若华,史英标,张舒羽.钱塘江河口抗咸流量预报模式及其检验[J].水利水电科技进展,2016,36(5):75-80.

[37] 许丹,孙志林,潘德炉.钱塘江河口盐度的神经网络模拟[J].浙江大学学报(理学版),2011,38(2):234-238.

[38] 杨兴果. 钱塘江河口咸潮入侵预警研究[D]. 杭州:浙江大学,2014.

[39] 刘德地,陈晓宏. 基于偏最小二乘回归与支持向量机耦合的咸潮预报模型[J]. 中山大学学报(自然科学版),2007,46(4):89-92.

[40] 王彪. 珠江河口盐水入侵[D]. 上海:华东师范大学,2012.

[41] 路剑飞,陈子燊. 珠江口磨刀门水道盐度多步预测研究[J]. 水文,2010,30(5):69-74.

[42] 岳中明,赵晓琳,胥加仕,等. 珠江压咸补淡关键技术与实践[R]. 珠江水利委员会,2012.

[43] 朱留正. 长江口盐度入侵问题[R]. 华东水利学院海工所,1980.

[44] 黄昌筑. 长江口盐水入侵及其对河口拦门沙的作用[D]. 南京:河海大学,1982.

[45] 易家豪. 长江口南水北调盐水模型计算研究[R]. 南京水利科学研究院,1987.

[46] 韩曾萃,程杭平,史英标,等. 钱塘江河口咸水入侵长历时预测和对策[J]. 水利学报,2012,43(2):232-240.

[47] 韩乃斌. 长江口南北支二维氯度数学模型[J]. 海洋工程,1996(1):47-54.

[48] 肖成猷,朱建荣,沈焕庭. 长江口北支盐水倒灌的数值模型研究[J]. 海洋学报,2000,22(5):124-132.

[49] 罗小峰,陈志昌. 长江口水流盐度数值模拟[J]. 水利水运工程学报,2004(2):29-33.

[50] 王义刚,朱留正.河口盐水入侵垂向二维数值计算[J]. 河海大学学报,1991,191(4):1-8.

[51] 匡翠萍. 长江口盐水入侵三维数值模拟[J]. 河海大学学报,1997,25(4):54-59.

[52] 包芸,任杰. 采用改进的盐度场数值格式模拟珠江口盐度分层现象[J].热带海洋学报,2001,20(4):28-34.

[53] 杨莉玲,徐峰俊. 波-流共同作用下伶仃洋三维盐度数值模拟[J]. 人民珠江,2012,33(5):68-72.

[54] Sun D,Wan Y,Qiu C. Three dimensional model evaluation of physical alterations of the Caloosahatchee river and estuary:impact on salt transport[J]. Estuarine,Coastal and Shelf Science,2016,173:16-25.

[55] 陈泾,朱建荣. 长江河口青草沙水库盐水入侵来源[J]. 海洋学报,2014,36(11):131-141.

[56] 程香菊,詹威,郭振仁等. 珠江西四口门盐水入侵数值模拟及分析[J]. 水利学报,2012,43(5):554-563.

[57] Li M,Zhong L J,Boicourt WC. Simulations of Chesapeake Bay estuary:sensitivity to turbulence mixing parameterizations and comparison with observations[J]. Journal of Geophysical Research,2004,110:C12004.

[58] Baptistaa A M,Yinglong Zhang Y L,Chawla A. A cross-scale model for 3D baroclinic circulation in estuary-plume-shelf systems:II. application to the Columbia River[J]. Continental Shelf Research,2005,25:935-972.

[59] Haney R L. On the pressure gradient force over steep topography in sigma coordinate ocean models[J]. Journal of Physical Oceanography,1991,21(4):610-619.

[60] Mellor G L,Oey L Y,Ezer T. Sigma coordinate pressure gradient errors and the seamount Problem[J]. Journal of Atmospheric and Oceanic Technology,1998,15(5):1122-1131.

[61] 朱建荣,朱首贤. ECOM 模式的改进及在长江河口、杭州湾及邻近海区的应用[J]. 海洋与湖沼,2003,34(4):364-374.

[62] Wu H,Zhu J R. Advection scheme with 3rd high-order spatial interpolation at the middle temporal level and

its application to saltwater intrusion in the Changjiang Estuary[J]. Ocean Modeling,2010,33:33-51.

[63] 龚政. 长江口三维斜压流场及盐度场数值模拟[D]. 南京：河海大学,2002.

[64] 马刚峰,刘曙光,戚定满. 长江口盐水入侵数值模型研究[J]. 水动力学研究与进展,2006,21(1)：53-61.

[65] Gong W P,Shen J. The response of salt intrusion to changes in river discharge and tidal mixing during the dry season in the Modaomen Estuary,China[J]. Continental Shelf Research,2011,31:769-788.

[66] 邹华志,王琳,董延军. 珠江河口磨刀门水道咸潮动力高分辨率三维数值模拟研究[J]. 人民珠江,2012,33(s1):56-60.

[67] 陈文龙,邹华志,董延军. 磨刀门水道咸潮上溯动力特性分析[J]. 水科学进展,2014,25(5)：713-723.

[68] 卢祥兴. 钱塘江河口盐水入侵的模型试验[J]. 水利水运工程学报,1991(4):403-410.

[69] 陈荣力,卢陈,苏波,等. 磨刀门成潮物理模型试验-I 模型设计与验证[J]. 人民珠江,2012,33(s1):28-32.

[70] 卢陈,袁丽蓉,高时友,等. 潮汐强度与咸潮上溯距离试验[J]. 水科学进展,2013,24(2):251-257.

[71] Hansen D V,Rrttray M. New dimensions in estuary classification [J]. Limnology and Oceanography,1966,11(3):319-326.

[72] Oey L Y. On steady salinity distribution and circulation in partially mixed and well mixed estuaries[J]. Journal of Physical Oceanography,1984,14(3):629-645.

[73] MacCready P. Toward a unified theory of tidally-averaged estuarine salinity structure[J]. Estuaries,2004,27:561-570.

[74] Bay E,Wright L D. Sensitivity of bottom stress and bottom roughness estimates to density stratification,Eckernförde Bay,southern Baltic Sea[J]. Journal of Geophysical Research,1997,102:5721-5732.

[75] Gisen J I A,Savenije H H G,Nijzink R C.Revised predictive equations for salt intrusion modelling in estuaries[J]. Hydrology and Earth System Sciences,2015,19:2791-2803.

[76] Xin P,Wang S S J,Robinson C,et al. Memory of past random wave conditions in submarine groundwater discharge[J]. Geophysical Research Letters,2014,41(7):2401-2410.

[77] Zhang Y J,Ye F,Stanev E V,et al. Seamless cross-scale modeling with SCHISM [J]. Ocean Modelling,2016,102:64-81.

[78] Zhang Y,Baptista A M. SELFE:a semi-implicit Eulerian-Lagrangian finite-element model for cross-scale ocean circulation [J]. Ocean modelling,2008,21(3):71-96.

[79] Zeng X,Zhao M,Dickinson R E. Intercomparison of bulk aerodynamic algorithms for the computation of sea surface fluxes using TOGA COARE and TAO data [J]. Journal of Climate,1998,11(11):2628-2644.

[80] Pond S,Pickard G L. Introductory dynamical oceanography [M]. Oxford, Elsevier,2013.

[81] Blumberg A F,Mellor G L. A description of a three-dimensional coastal ocean circulation model [J]. Three-dimensional coastal ocean models,1987,1-16.

[82] Umlauf L,Burchard H. A generic length-scale equation for geophysical turbulence models [J]. Journal of Marine Research,2003,61(2):235-265.

[83] Kantha L H,Clayson C A. An improved mixed layer model for geophysical applications [J]. Journal of Geophysical Research:Oceans,1994,99(C12):235-266.

[84] Canuto V M,Howard A,Cheng Y. Ocean turbulence. Part I:One-point closure model—Momentum and heat vertical diffusivities [J]. Journal of Physical Oceanography,2001,31(6):1413-1426.

[85] Lerczak J A,Geyer W R,Chant R J. Mechanisms driving the time-dependent salt flux in a partially stratified Estuary[J]. Journal of Physical Oceanography,2006,36(12):2296-2311.

[86] Simpson J H,Crisp D J,Hearn C. The shelf-sea fronts:Implications of their existence and behaviour [J]. Philosophical Transactions of the Royal Society B Biological Sciences,1981,302(1472):531-546.

[87] Simpson J H,Brown J,Matthews J,et al. Tidal straining,density currents,and stirring in the control of estuarine stratification [J]. Estuaries and Coasts,1990,13(2):125-132.

[88] Burchard H,Hofmeister R. A dynamic equation for the potential energy anomaly for analysing mixing and stratification in estuaries and coastal seas [J]. Estuarine Coastal & Shelf Science,2008,77(4):679-687.

[89] 时小军,陈特固,余克服. 近40年来珠江口的海平面变化 [J]. 海洋地质与第四纪地质,2008(1):127-134.

[90] 吴涛,康建成,李卫江,等. 中国近海海平面变化研究进展 [J]. 海洋地质与第四纪地质,2007(4):123-130.